Gakken

もくじ

SG100-BSS

デカイ深海生物

キレイな深海生物

この本の使い方

◎厳選したブキミ深海生物のひみつ100を、迫力のある写真で説明しています。

ひみつの番号です。

025
ボールからのびる
ねばねばの
触手
櫛板
体のひみつ
触手は、体の10倍もの長さがあります。
ふだんは体の口にしまっていますが、
獲物をとらえるときは触手を長くのばします。
触手はねばねばしているため、
獲物にくっつきます。
テマリクラゲ
[テマリクラゲ科] 直径1～4cm
世界中の海の水深0～数千mのところにすむ。名前のとおり、てまりのようなかわいらしい球形をしている。有櫛動物は体の側面に「櫛板」という器官をもつことから「クシクラゲ」ともよばれる。櫛板は光を反射してにじ色に見えることもある。

体のひみつ　色のひみつ　食べ物のひみつ
発光のひみつ　身を守るひみつ

体の特ちょう、色、食べ物、発光、身を守る、それぞれにかんするひみつです。

分類と大きさ、すんでいる場所や食べる物、性格などをまとめています。
体長は体の長さ、全長は尾などをふくんだ長さを示しています。

◎**ブキミ深海生物クイズ**…この本に出てくる生物のクイズが30問あります。
◎**ブキミ深海生物シール**…迫力の生物シール！ 好きなところにはろう！
◎**すごい!シール**…すごい！ と思った生物のページにはろう！
◎**クイズシール**…クイズで正解したら、それぞれのシールをはろう！

深海生物がすんでいる世界

深海生物がすんでいる海は、海のなかでも、とても深いところです。
海の中は、深くなるほど暗くなり、やがて光が届かない
ところまでいくと真っ暗になります。
暗い深海では、植物が生きられないため、えさも少なく、
深海生物は、食べ物がとても少ない環境のなかで生活しています。

地球のほとんどをしめる

深海

地球全体の70パーセント以上をおおう広い海。そのうち、深海は水深200mより深い海のことをさします。深海は、広い海全体のうちの約97パーセント。深海は地上より、何倍も広い世界なのです。

深海の水温

海の温度は、深さによってちがい、海の表面付近は、30°C近くまで上がることもあります。深くなるほど温度が下がり、深さ200mから600mのところで10〜20°Cくらいになります。水深1000mで2〜4°Cくらいといわれています。

深海の水圧

水中は「水圧」という、水の重さからかかる力でおされます。水圧は深くなるほど強くなり、10m深くなるごとに1kgずつ増えていきます。たとえば水深6500mの深海の水圧は680kg。これは軽自動車1台分の重さです。

もっとも深い場所

深海のなかで、もっとも深い場所は、太平洋のマリアナ諸島にあるマリアナ海溝。水深約1万911mにもなります。

ぷよぷよの体

深海生物は、体の中を水分（水）でみたすことで、外と同じ圧力になるためつぶれません。さわり心地は、こんにゃくやゼリーのようにぷよぷよ。地上に上がると水分が抜けてしまうため、つぶれたような形になってしまいます。

ナマコのなかま

深海生物のブキミな体のつくり

深海生物は、その特しゅな環境に対応していくために、
変わった体のしくみや、
見た目をしている生物が多くいます。
どんな特ちょうがあるのかを見ていきましょう。

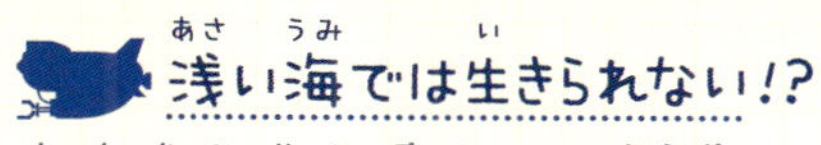

浅い海では生きられない!?

深海生物の体

深海生物には浅い海にすむ生物には見られないような、ブキミな見た目をしている生物がたくさんいます。それらは、深海で生きのびていくために適した体のつくりなので、浅い海ではくらしていけないものが多くいます。

オニボウズギス

大きな消化器官

食べ物が少ない深海では、毎日えさにありつけるとはかぎりません。そのため、一度にたくさん食べて、体の中で何日間もかけて消化することができる腸や、何を食べても大きく広がる胃をもっているものがいます。

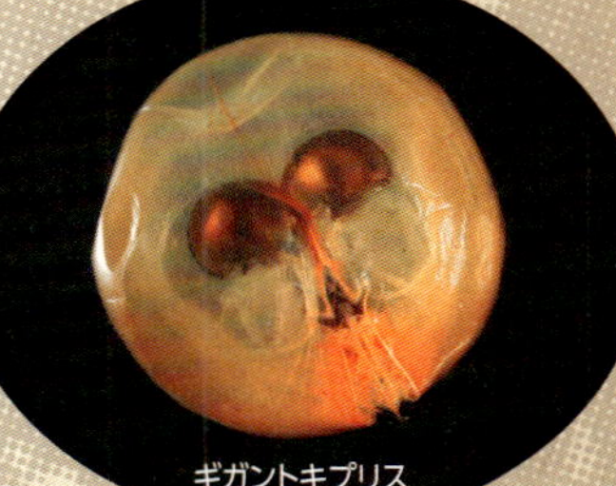

ギガントキプリス

高感度な目

太陽の光がほとんど届かない深海では、わずかな光を集めて、まわりを見なければなりません。目は獲物を探すためなど、生きていくのに必要な器官。そのため高感度の目をもつものが多く、目のつき方もさまざまです。

ホウライエソ

大きな口

獲物にありつけることがめずらしい深海では、とらえた獲物を逃がさないのが鉄そく。大きな口や大きな歯をもつものが多く、ときには自分の体よりも大きな獲物を丸のみにすることもあります。

003

長い体がヘビのような深海古代ザメ

体のひみつ

するどくとがった歯の先が3本ずつに分かれていたり、えら穴を6対もっている点などが古代ザメ（クラドセラケ）ににているといわれています。

ラブカ

[ラブカ科] 体長1～2m

世界中の海に広く分布する。水深数百～1500mのところにすみ、イカや魚などを食べる。細長いヘビのような体を、くねらせて泳ぐ。卵ではなく子を産み、妊娠期間は3年半にもなるという。

ラブカの全身。尾びれが長い。

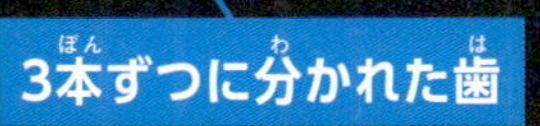
3本ずつに分かれた歯

吻の下にかくれた大きな口

体のひみつ

長く出っ張った吻先は、
わずかな電流を感じる器官で、
暗い海底にかくれている生物でも、
探すことができます。

ミツクリザメ

[ミツクリザメ科] 全長1～3m

世界各地の海の水深400～1200mにすむ。目げきされることはめずらしく、目げきの多くは日本の近くである。獲物の魚類、エビ、カニなどを食べるときは、するどい歯がついたあごをつき出す。

ミツクリザメのあご。

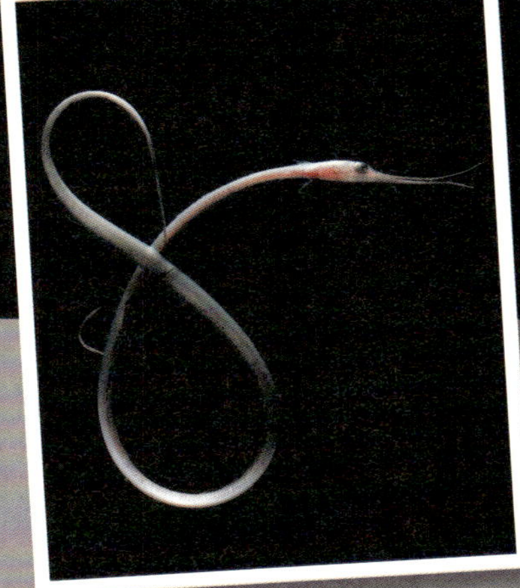

ヘビのように細長いシギウナギの全身。

シギウナギ

[シギウナギ科] 体長80～140㎝

世界各地のあたたかい海の水深300～2000mのところにすむ。おもにエビを食べる。おすは、成長すると口が短くなる。

エビが大好物！

体のひみつ

細長いくちばしにびっしりと細かい歯が生えていて、この歯でエビの触角をひっかけてとらえます。食べたエビが、体からすけて見えることもあります。

細かい歯

005
大好物(だいこうぶつ)はほかの生物(せいぶつ)の死(し)がい
頭(あたま)

体のひみつ

目は皮ふにうもれていますが、
においにはびんかん。
えさとなるほかの生物の死がいのにおいをかぎつけ、
けずるようにして食べます。

ヌタウナギ

[ヌタウナギ科] 体長60~80㎝

南太平洋の水深200~1000mの砂泥底にすむ。ひれは尾びれしかなく、左右に6~7対のえら穴がある。体の表面からねばねばした体液を出して、敵から身を守る。写真は、ホソヌタウナギの一種。

007

ヌタウナギの ヌタのひみつ

ヌタウナギは、身の危険を感じると、
体の表面から「ヌタ」というねばねばした液体を出します。
ヌタウナギの「ヌタ」とは、どんなものなのでしょうか。

水中のヌタウナギ。

ねばねばの液体

ヌタウナギは、敵におそわれると体の表面からねばねばした「ヌタ」を出します。ヌタは、水とまざるとゼリーのようにかたまる性質をもっているため、ヌタが体にまとわりついてしまった敵は、動けなくなったり、えらをつまらせて息ができなくなってしまったりします。

ヌタウナギのヌタ。
ねばりけが強く、よくのびる。

008
胸びれ
腹びれ
尾びれ

3本の長いあしで立つ魚!?

体のひみつ

長くのびた胸びれがアンテナのような役割をしています。胸びれで水の流れを感じ、流れてきた獲物や、身の危険を察知することができます。

オオイトヒキイワシ

[チョウチンハダカ科] 体長36㎝

東シナ海、西太平洋、インド洋の水深500〜1000mの海底にすむ。腹びれと尾びれを海底にさして立つ姿から、「三脚魚」ともよばれる。流れてくる小型生物を食べて生活しているため、海底を動きまわることは少ない。

009

歯ならびが悪いアンコウ

口のまわりにひげのように
のびた長い歯が
何本もあります。
また、アンコウの
なかまですが、
頭部にルアーをもちません。

おす

キバアンコウ

[キバアンコウ科] 全長おす2㎝、めす6～10㎝

太平洋、大西洋、インド洋の水深1000～4000mのところにすむ。目はとても小さいが、目の前にある２本の触角で、水の動きなどを感じていると考えられている。おすはめすより小さく、めすの体にくっついて生活している。

010

いつも開けっぱなしの口!?

体のひみつ

前歯は成長するにつれ大きく発達し、口をとじることができなくなります。水中にじっとひそみ、獲物が口のまわりに近づいてくると、長くするどい牙で獲物をとらえます。

オニキンメ

[オニキンメ科] 全長15㎝

太平洋、インド洋、大西洋の水深600～5000mのところにすみ、海中をゆっくりと泳いでいる。目は退化していると考えられているが、発達した側線（水の流れなどを感じる器官）で水圧の変化を感じとることができる。うろこは小さく、とげがある。

正面から見たオニキンメの顔。

ヨロイザメ

[ヨロイザメ科] 全長50～150㎝

世界各地の水深200～1800mのところにすむ。吻とよばれる頭の先端部分が短い。大きな目と、ぶあついくちびるが特ちょう。かむ力がとても強く、自分よりも大きなサメでもかみちぎってしまう。

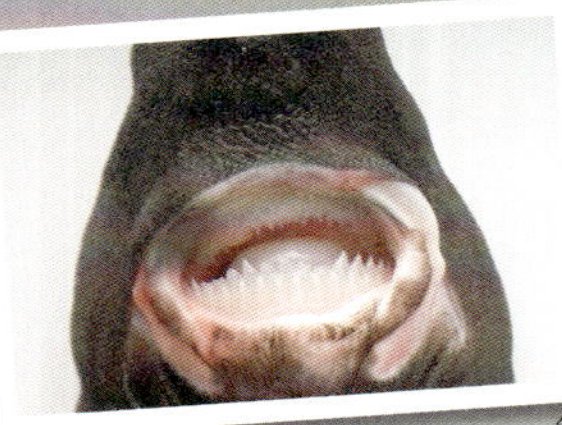

ヨロイザメの口。

吻は短く、先端が丸い。

よろいのような かたいはだ

体のひみつ

全身が黒く、よろいのようなかたい皮ふにおおわれ、ざらざらしています。さわるときに注意しないと、手が傷だらけになることもあります。

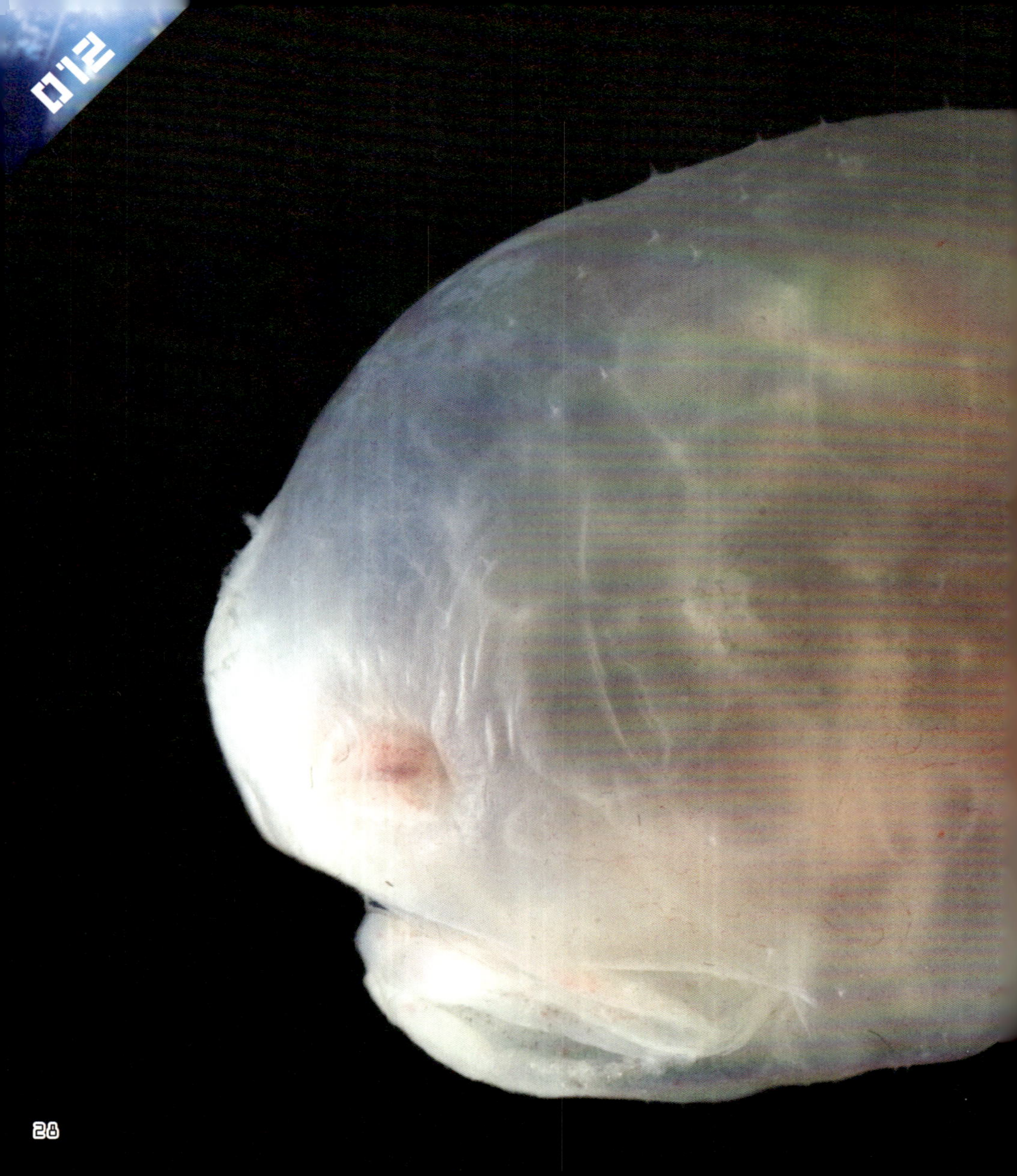
012

目が見えない魚

体のひみつ

目は皮ふの下にうもれて
見えなくなっていますが、
前方を向き、
黒い色素によって
ふちどられています。
物は見えませんが、
明るさを感じることは
できるようです。

ソコオクメウオ

[ソコオクメウオ科] 体長14㎝

中部西大西洋の水深360～1400mのところにすむ。体は半とう明で、うろこがなく、ぶよぶよしている。腹部のみ黒くなっている。口にはするどい牙のようなじょうぶな歯が生えていることから、肉食の魚だと考えられている。

013

体のひみつ

深海の水圧にたえることができるように、全身の筋肉が少なく、水分が多いゼリーのような物質でできています。うろこもありません。

世界一みにくい魚といわれることもある。

ニュウドウカジカ

[ウラナイカジカ科] 全長30㎝

日本近海の水深300～2800mのところにすむ。体に水分を多くふくみ、陸に上げると体の水分が抜けて、皮ふがたれ下がり、とてもみにくい見た目になる。

全身がぶよぶよ

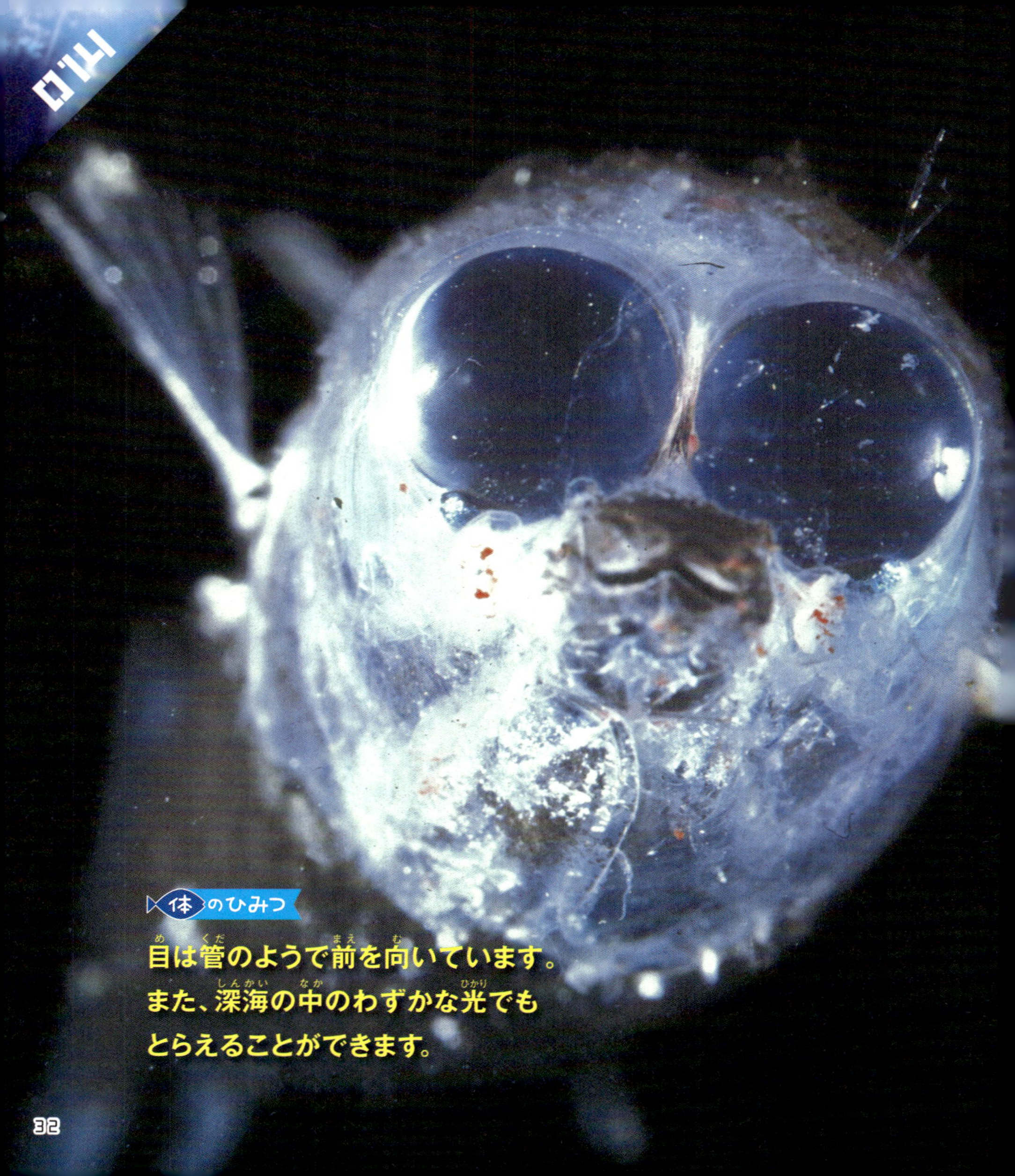

体のひみつ

目は管のようで前を向いています。
また、深海の中のわずかな光でも
とらえることができます。

前も上も見える大きな目

クロデメニギス

[デメニギス科] 全長15㎝

太平洋や日本近海の水深400〜800mのところにすむ。うろこはかたくてはがれやすい。クラゲ、エビ、プランクトンを食べる。

口先はとがっていて、前を向いている。

あごひげ
発光器

ひげの先が光る！

発光のひみつ

長いあごひげの先を光らせて、獲物をおびきよせ、するどい歯でおそいかかります。ただし、獲物をさそう発光器をもつのはめすだけです。

ミツマタヤリウオ

［ミツマタヤリウオ科］全長おす5㎝、めす50㎝

太平洋の水深400～800mのところにすむ。細長い体で、尾を小さく動かして泳ぐ。幼魚のころはほとんどとう明の体で、目は細い柄の先につき左右にとび出している。成長するにつれて、柄は短くなる。写真は、ナンヨウミツマタヤリウオ。

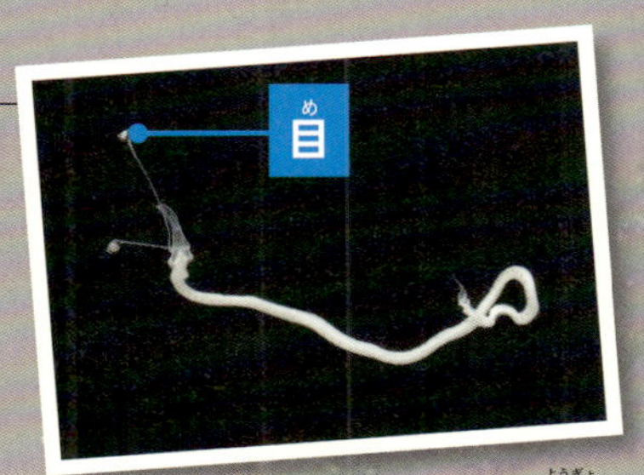

ミツマタヤリウオの幼魚。

015

おそった獲物の体を家にする

食べ物のひみつ

サルパ（204ページ）やヒカリボヤをおそって、中身を食べ、外側に残ったたるのような部分をすみかにしてしまいます。

オオタルマワシ

［タルマワシ科］体長2～3㎝

世界各地のあたたかい海の水深200～1000mにすむ。サルパやヒカリボヤに寄生し、その中に卵を産んで子育てをする。

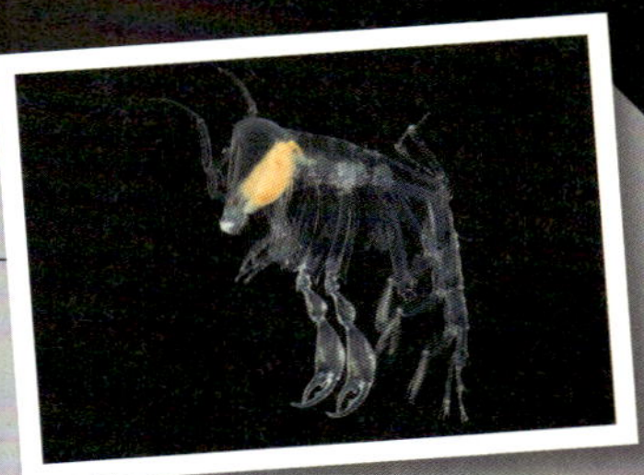

たるに入っていないオオタルマワシ。

獲物の中に入りこむオオタルマワシ。

ほかの生物を利用して生きる深海生物

深海に生きる甲殻類のなかまや、
えさを探しまわることが苦手な生物は、
ほかの生物の体にすみついたり、くっついたりして
生活しているものがいます。

クラゲにのって移動する

クラゲノミ

クラゲの体にくっついて生活します。このようにクラゲを利用してくらしている生物をジェリーフィッシュライダー（クラゲ乗り）とよびます。

ほかの生物をすみかにする

ドウケツエビ (168ページ)

ドウケツエビは、カイロウドウケツ（200ページ）の中に入りこみ、その中で一生をすごします。

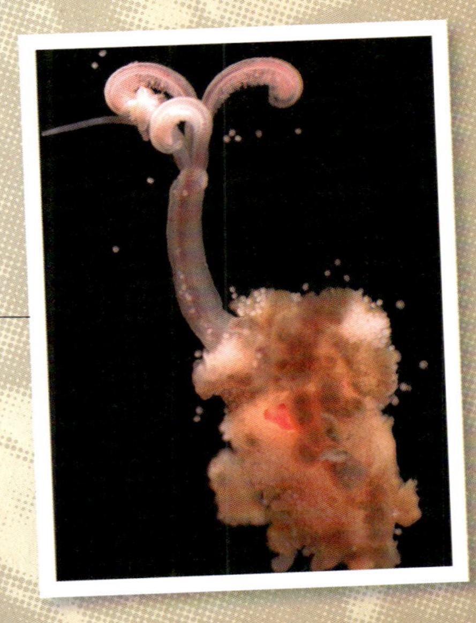

死がいから出る栄養で生きる

ホネクイハナムシ (60ページ)

海底にしずんでいるクジラの骨などにくっつき、骨に残った栄養分を食いつくします。

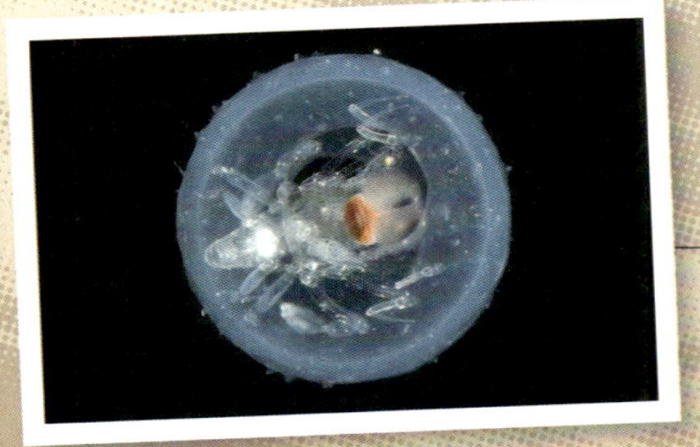

殺した生き物にすみつく

オオタルマワシ (36ページ)

サルパ類（204ページ）をおそって中身を食べ、残った外側の部分を家にしてしまいます。

018
つるつるした甲ら
目がない

カニなのに温泉が大好き!?

体のひみつ

深海の温泉である熱水噴出域の近くにすんでいます。目が退化していて、ものを見ることはできませんが、においにはびんかんです。ただし、明るさを感じることはできると考えられています。

ユノハナガニ

[ユノハナガニ科] 甲らの幅4〜6㎝

日本近海の水深400〜1600mの、熱水噴出域付近に分布。水温4〜20°Cのところにすむ。つるつるした甲らが特ちょう。大きなはさみで周辺にある食べられるものは何でも食べ、海底に落ちている細菌のかたまりや、近くにいる生物の死がいなども食べる。

食べ物のひみつ

腹側に長い毛がびっしり生えていて、その毛の中に「バクテリア」という微生物をすまわせ、えさにしています。

ふさふさの胸毛がじまん

ゴエモンコシオリエビ

[コシオリエビ科] 甲らの幅5㎝

沖縄トラフの水深700〜1600mの熱水噴出域に分布。水温4〜6℃の場所で、多数の個体で群がってくらしている。全身は白く、目は退化している。名前にはエビがつき、見た目はカニににているが、ヤドカリのなかま。

020

熱水がふき出す深海の温泉

海底には、とても熱い海水（熱水）がけむりのように岩からふき出している場所があります。熱水は場所によって300℃以上になります。その場所のまわりには、たくさんの深海生物がすんでいます。

熱水噴出孔の近くには、
ハオリムシ(62ページ)が多く生息している。

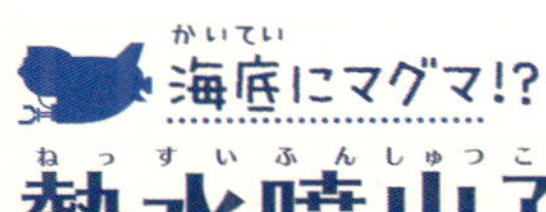

熱水噴出孔

熱水がふき出す穴を「熱水噴出孔」といいます。その穴から出ている熱水は、数百℃以上もあります。これは地中のずっと下にある、マグマによってあたためられたものです。

熱水噴出孔のまわりには、熱水にとけている「メタン」や「硫化水素」などという物質をエネルギーとして生きる深海生物がくらしています。

031

全身が光るイルミネーション

ユウレイイカ

［ユウレイイカ科］胴の長さ25㎝

太平洋、インド洋の水深200～600mのところにすむ。全身はとう明で、とてもやわらかい。腹側の腕がとくに太く、1対の触腕は胴の3倍以上の長さにのびる。この触腕で、獲物をとらえて食べる。

発光のひみつ

太い腕に55個の発光器、
1対の触腕には40個以上の発光器をもち、
この光をルアーのように使って、
獲物をさそい出していると考えられています。
目のまわりにある3列の発光器で、
自分のかげを発光でかき消し
敵から見つかりにくくしています。

022
うろこ

鉄でできたうろこをもつ

体のひみつ

あしをおおっているうろこは「硫化鉄」という鉄。そのため、うろこは磁石につけるとくっつきます。

ウロコフネタマガイ（スケーリーフット）

［ペルトスピリダエ科］殻の高さ2～5㎝

インド洋の水深2500mの、熱水噴出域にすむ。あしは、黒いうろこでおおわれている。危険を感じると、うろこを外に向け、あしをちぢめて丸くなる。体の色が白いものもいる。

023

5億年前から ほとんど姿を変えることなく 今も深海に生き続ける!

食べ物のひみつ

すばやく動けないため、
生きている獲物をとらえるのは苦手です。
生物の死がいや、
イセエビを丸ごと食べています。

オウムガイ

[オウムガイ科] 直径20㎝

南太平洋の水深100～600mのところにすむ。大きな殻をもつイカやタコのなかま。約90本の触手には吸盤はないが、ねばねばした触手で小魚などをとったり、岩にくっついたりすることができる。世界中で化石が多数発見されていて、恐竜が現れるより前から、各地の海にいたと考えられている。

オウムガイの体のひみつ

オウムガイの殻の中にはたくさんの仕切りがあり、
ひとつひとつの部屋は空洞です。
この空洞にガスをため、その量を調節することで、
水中を浮いたりしずんだりしています。
移動するときは、「ろうと」という器官に海水をため、
海水を勢いよく出す力を利用して、後ろ向きに進みます。

ガスが入る部屋

体が入っている部分

オウムガイの巻貝の断面。

通常の巻貝の断面図。
殻の上まで体が入る部分がある。

4億年以上前に誕生した
生きている化石

オウムガイは今から4億5000万年以上前の化石が発見されたことから、古生代に生息していたと考えられています。古生代とは、恐竜もいなかったような大昔。その当時から姿が変わっていないため、「生きている化石」といわれています。

025

ボールからのびるねばねばの触手

体のひみつ

触手は、体の10倍もの長さがあります。
ふだんは体の中にしまっていますが、
獲物をとらえるときは触手を長くのばします。
触手はねばねばしているため、
獲物にくっつきます。

櫛板(しつばん)

SHINKAI ▶ ブキミな深海生物──有櫛動物(ゆうしつどうぶつ)

テマリクラゲ

［テマリクラゲ科］直径1～4㎝

世界中の海の水深0～数千mのところにすむ。名前のとおり、てまりのようなかわいらしい球形をしている。有櫛動物は体の側面に「櫛板」という器官をもつことから「クシクラゲ」ともよばれる。櫛板は光を反射してにじ色に見えることもある。

026

海の底を歩くぶた!?

突起

触手

体のひみつ

背中に4本の突起があり、
10～14本の管足といわれるあしで海底を歩きます。
口のまわりの10本の触手を使って、
泥や砂を食べ、栄養を取りこみます。

センジュナマコ

[クマナマコ科] 体長10㎝

世界各地の水深3000～5000mのところにすむ。うすい皮ふにおおわれた、丸みのある体が特ちょうで、その見た目から「シー・ピッグ（海のぶた）」とよばれる。

管足

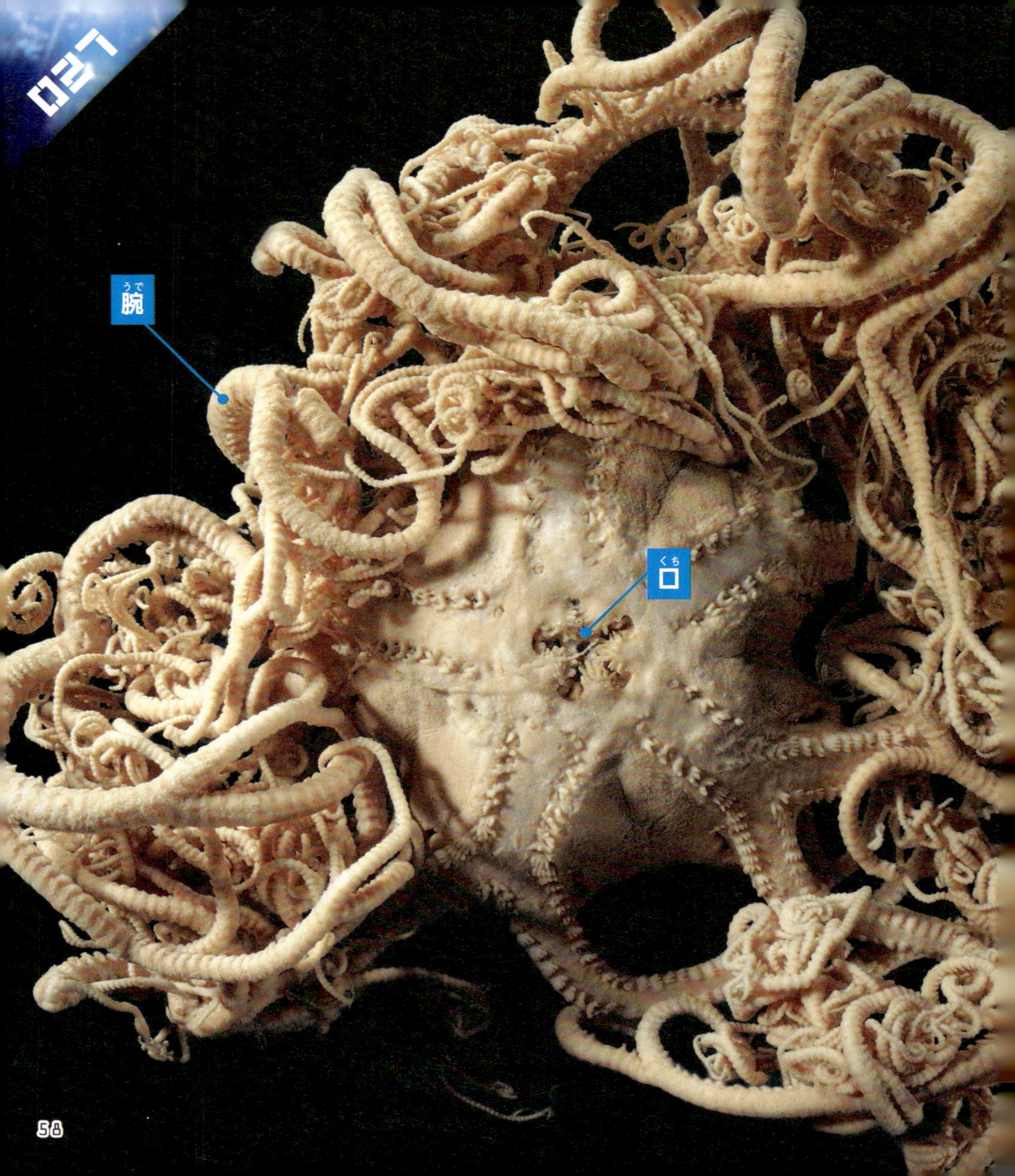
027
腕
口

枝のように何十本にも分かれた腕

食べ物のひみつ

腕を大きく広げて、流れてくるプランクトンの死がいなどを集めて食べます。

テヅルモヅル

[テヅルモヅル科] 直径40㎝

世界各地の海にすむ。深いところでは水深1000m。５本の太い腕から何十本もの腕が枝分かれしてのびている。腕で集めたえさを体の中心部にある口に運び、腕を口につっこむようにして食べる。

枝分かれした腕。

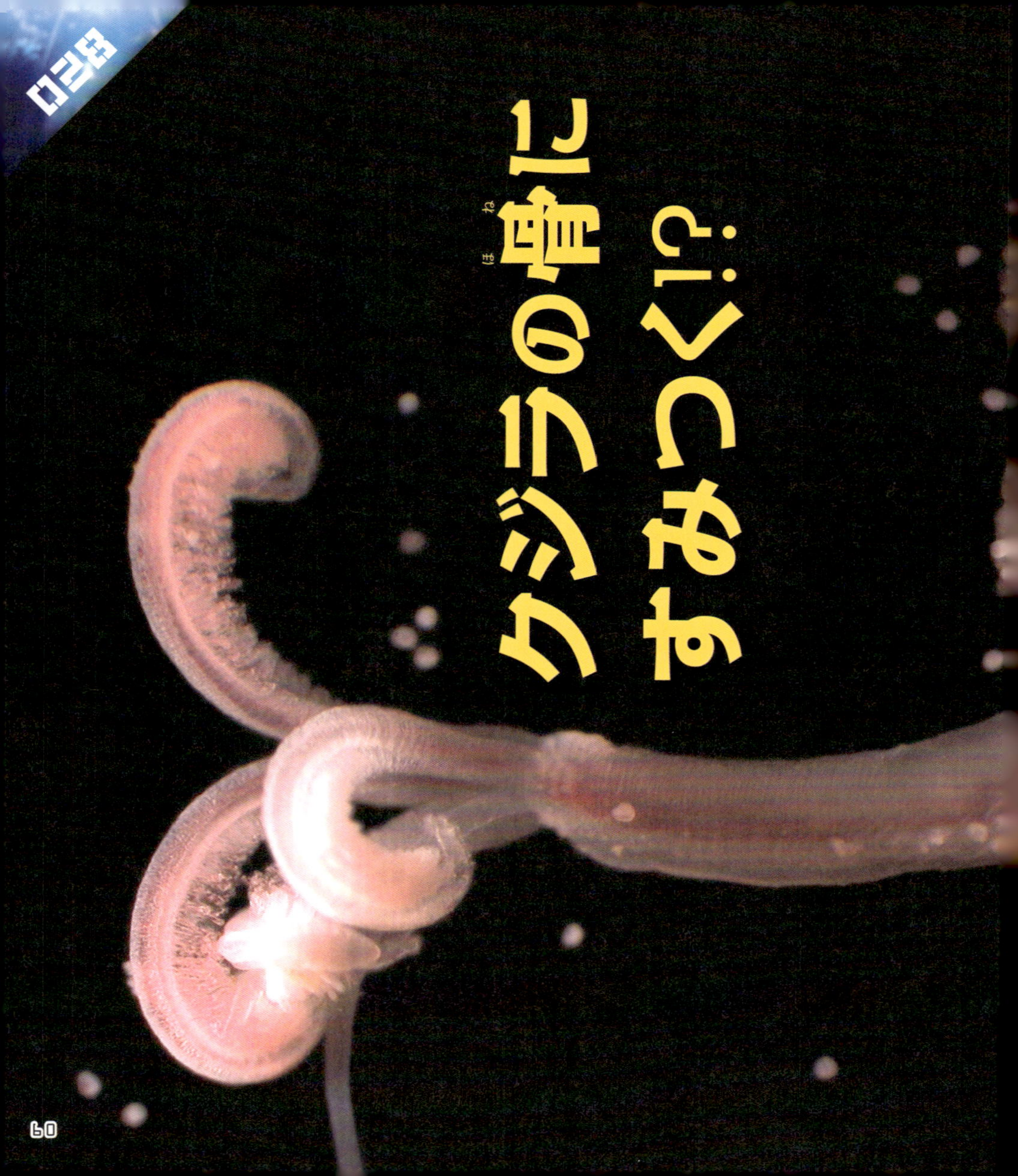

028

クジラの骨にすみつく!?

根のような部分

食べ物のひみつ

**体の一部の根のような部分が、
栄養を吸収するはたらきをします。
そこに骨をとかすはたらきをする細菌をすまわせていて
クジラなどの骨の中に体の一部をくいこませ、
骨から栄養をもらっています。**

ホネクイハナムシ

［ヒゲムシ科］体長5mm～5cm

世界各地の水深100～3000mの海底にしずんでいるクジラの骨の中にうまってくらす。ゴカイのなかま。おすはめすにくっついてくらしていて、顕微鏡を使わないと見えないほど小さい。

何も食べないふしぎな生物

食べ物のひみつ

体の中にすまわせた細菌から栄養をもらって生きています。
そのため、口や肛門はなく、何も食べずに生きることができる。

ハオリ

ハオリムシ（チューブワーム）

［シボグリヌム科］長さ1～3m

日本近海、太平洋の水深80～400mの熱水噴出域に集団ですむ。ミミズやゴカイなどのなかま。細長い管にすむ。赤い部分は「ハオリ」とよばれ、魚のえらと同じはたらきをしている。

ハオリムシの体のひみつ

熱水噴出孔の近くに集団で生息しているハオリムシ。
ハオリムシは獲物などを食べる口や、
栄養を吸収する消化器官をもっていません。
生きていくために欠かせない栄養を、
いったいどのようにとっているのでしょうか。

熱水噴出孔近くのハオリムシの集団。

口や胃がない

ハオリムシの食事

ハオリムシは体の中に細菌をすまわせ、その細菌から栄養をもらって生きています。

細菌の栄養となるのは、熱水噴出孔からわき出るメタンや硫化水素。ハオリムシにすみついた細菌は、ハオリムシの管の後ろのほうから取りこんだ栄養分をもらい、それと引きかえに、ハオリムシに必要な栄養をあたえます。

光る生物のしくみと種類

多くの深海生物がもつ体の機能のひとつに、ホタルのように光るという特ちょうがあり、このような生物を「発光生物」といいます。どのようなしくみで、光っているのでしょうか。

自力発光

自分自身でつくった「ルシフェリン」という光を出す物質で光ります。多くの発光生物がこれにあたります。写真はニジクラゲ。

共生発光

チョウチンアンコウのなかまや、ソコダラのなかまなどは、「発光バクテリア」という細菌の一種を体にすまわせ、それが光ることで発光しています。また、発光生物を食べて光るものもいます。写真はシダアンコウ。

2つに分かれる

発光の種類

深海魚がもつ発光の種類は２つで、発光物質を自分の体内でつくって光る「自力発光」と、ほかの生き物を利用して光る「共生発光」があります。

にじ色の光のひみつ

ウリクラゲなどの櫛板をもつクラゲはにじ色に光るものがいます。ただしこれは発光しているのではなく、櫛板が照らされた光に反射して光っているように見えるためです。

光る生物の光のはたらき

発光生物は、どんなときに光るのでしょうか。
その使い方やはたらきは、種によってさまざまです。
たくさんの深海生物が、光の機能を取り入れ、
工夫をこらして生活をしているのです。

頭部にある光るルアーで、
獲物をおびきよせるチョウチンアンコウ。

暗やみの役立ちアイテム！

深海生物の発光器

光が届かない深海では、発光器が役立つ場面はたくさんあります。獲物をおびきよせたり、探したりするときだけではありません。強い光を出して敵の目をくらませたり、光のかげに身をかくしたり、仲間とのコミュニケーションに使ったりするなど、光の使い方はさまざまです。

◀ヒカリキンメダイは光でコミュニケーションをとる。下段は深海で見た場合のイメージ。

自分の姿ににた形のスミをはき、分身をつくるヒカリダンゴイカ。スミは光をはなつ。

光るルアーで魚を釣る!?

発光のひみつ

発光器は「イリシウム」とよばれるもので、
背びれが変化したものです。
それをルアー（えさに見えるもの）のように使い、
小型の魚類などをおびきよせて食べます。

チョウチンアンコウ

[チョウチンアンコウ科] 全長おす4㎝、めす30㎝

太平洋、インド洋、大西洋の、水深600〜1200mのところにすむ。頭部から、チョウチンのように光る発光器がのびている。体の表面は、小さなとげでおおわれている。おすはとても小さく、めすに寄生している。

チョウチンアンコウのおすのひみつ

チョウチンアンコウのなかまは、
めすとおすの体の大きさに差があるのが特ちょうです。
おすはめすの体にくっついて生活しています。

めすがいないと生きられない

小さなおすの一生

　チョウチンアンコウのおすとめすは、子どものときは同じ大きさです。めすは、成長するにつれ大きくなり、発光器が発達していきます。一方おすは大きくなりません。

　おすは成長しためすの体にかみついてくっつきます。一度くっついたおすは、めすの体からはなれず、めすの体から栄養をもらって生活します。しだいにおすの体は機能を失って、めすの体のいぼになってしまいます。

チョウチンアンコウのおす。
めすとちがい、頭部に光るルアーはない。

めすの腹部にくっついたおす。
比べてみるととても小さいことがわかる。

発光のひみつ

ほかのアンコウとちがい、
発光器が直接頭についているのが特ちょう。
とう明な体は、敵の目から見えにくいため、
光にさそわれて近づいてきた獲物を正面からとらえます。

暗やみに光るゆうれい!?

ユウレイオニアンコウ

[オニアンコウ科] 体長おす2～3㎝、めす5～8㎝

大西洋の水深300～3600mのところにすむ。体はほぼとう明。頭部にするどい2本の角をもつ。おすはめすより小さく、めすの体にくっついて生活し、最後はいぼになってめすの体の一部になってしまう。

頭の先にくっついた発光器。

036

逆さまになって泳ぐ

発光器

海底で釣りをする魚

食べ物のひみつ

上下逆さまになって海底のすれすれを泳ぎ、頭部からのびた発光器を、釣りをするように下にたらして海底の獲物をさそう姿が観察されています。

シダアンコウのなかま

［シダアンコウ科］体長5㎝

小笠原諸島近海にすむ。この写真の個体は水深5000m以上のところで撮影された。全身は大きなとげでおおわれている。牙のような歯をもち、目はとても小さい。頭部に発光器がついた長いさおをもつ。

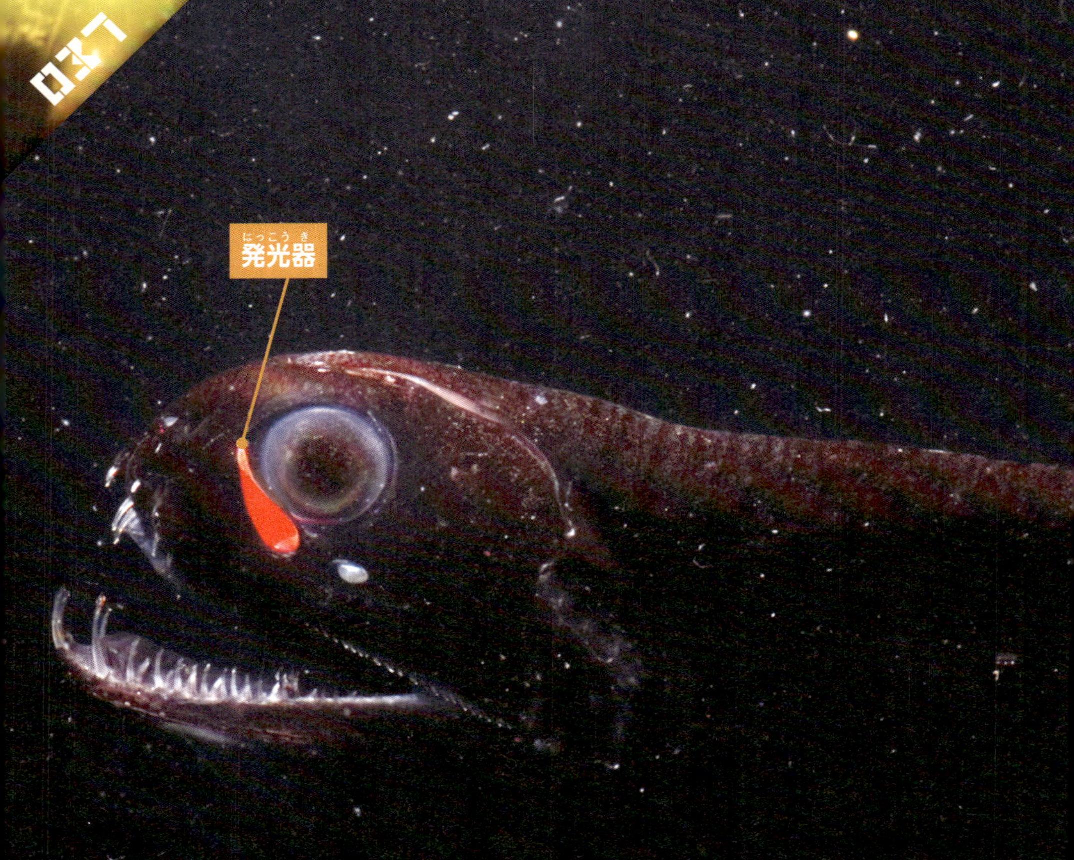

発光のひみつ

目の下の発光器から赤い光を出すことができます。
多くの深海生物は赤い光がわからないため、
相手に気づかれないように、観察することができます。

目の下に赤いヘッドライト!?

クレナイホシエソ

[ホテイエソ科] 体長20㎝

太平洋、大西洋の熱帯から亜熱帯海域、日本では九州・パラオ海嶺、小笠原諸島海域に分布。水深250～800mにすむ。体は太くて短く、細長いひげがある。目の下に大きな三日月形の発光器をもつ。

038

あごをつき出しかぶりつく！

食べ物のひみつ

下あごを前につき出し、口を大きく開けてするどい牙で、自分よりも大きな魚を丸のみにします。

ホウライエソ

［ホウライエソ科］体長35㎝

世界中の水深数百～1000mにすむ。背びれの先についた小さな発光器を光らせて、獲物をおびきよせる。腹部を光らせて、自分のかげを消すようにしている。

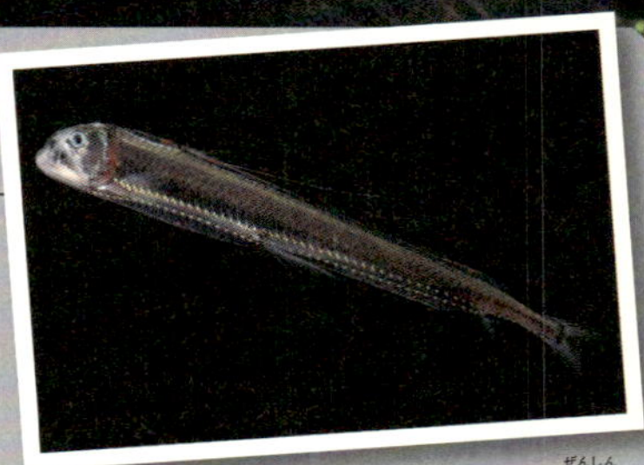

ホウライエソの全身。

039
発光器

かくれんぼが得意！

身を守るひみつ

体の幅がとてもうすいため、かげがあまりできません。さらに腹部の発光器を利用して、わずかなかげを消して、敵に見つかりにくくしています。

トガリムネエソ

［ムネエソ科］全長7～8㎝

太平洋、インド洋、大西洋のあたたかい海の水深100～600mのところにすむ。大きな目が上向きについていて、腹部にはいくつもの発光器がならんでいる。

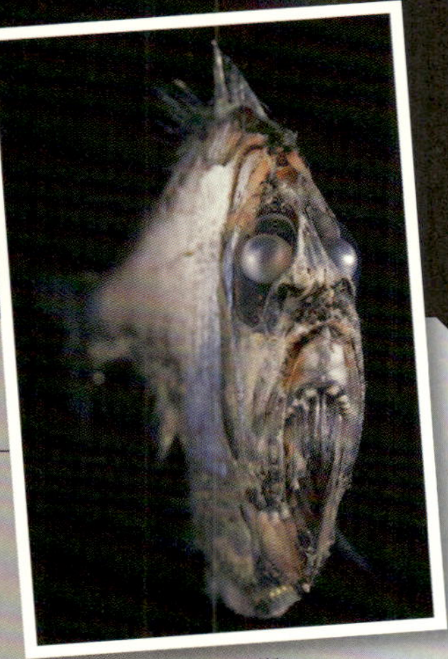

体はとてもうすい。

040

深海生物がもつカウンターイルミネーション

ハダカイワシなどの発光魚がもつ、
光を使って身をかくす方法を、
「カウンターイルミネーション」といいます。
水深1000mくらいまでにすむ深海魚の
発光器が腹部にあるのは、
この方法を使っているためです。

ハダカイワシを下から見ると、腹部に
たくさんの発光器があることがわかる。

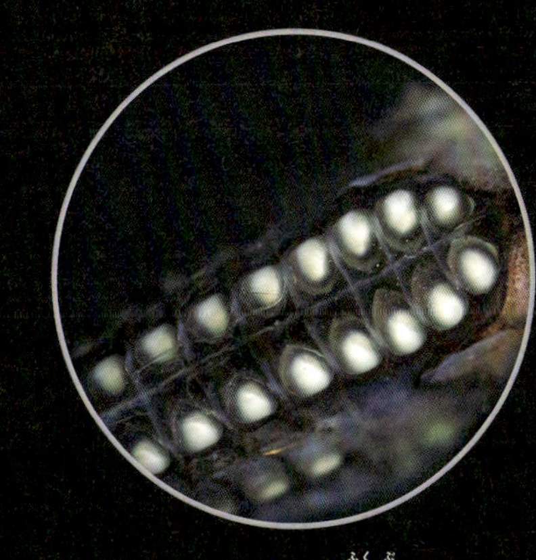

トガリムネエソの腹部には
たくさんの発光器がならぶ。

光のマジック!?

光を利用したかくれわざ

深海の 1000m 程度までは、わずかな光がさしこみます。海の中では上から太陽の光が当たるため、下から見ると、どんな生物でもかげができてしまいます。

そこで、腹部の発光器を、上からの太陽の光と同じ明るさで光らせます。こうすることでかげがなくなり、下を泳ぐ敵から、姿が見えなくなります。このしくみを「カウンターイルミネーション」といいます。

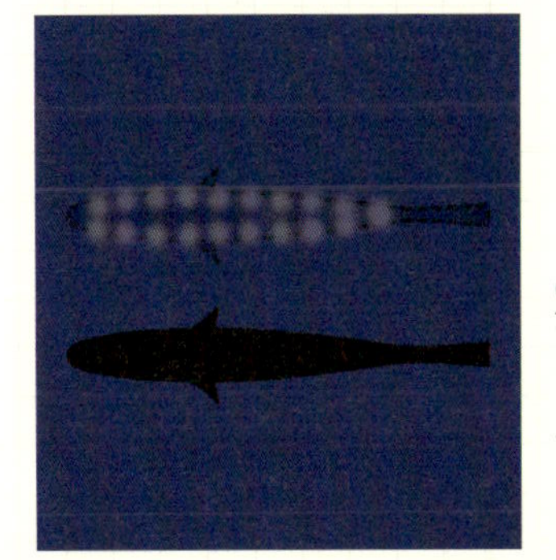

発光器を光らせると、下からかげが見えなくなり、姿が消えたようになる。

041

エレベーターのような魚

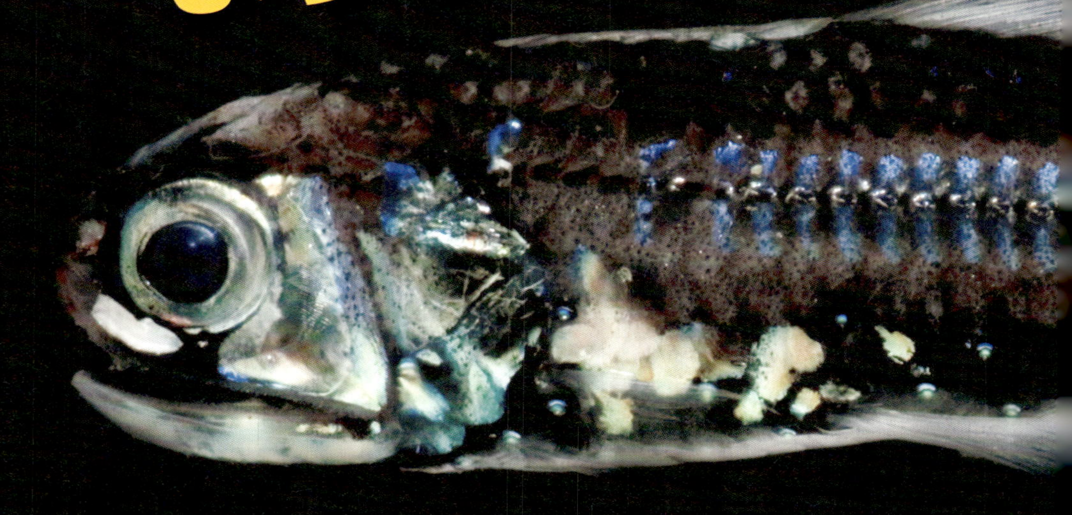

食べ物のひみつ

昼間は深い海ですごし、
夜になると浅い海に上がってきて、
えさとなるプランクトンを食べます。
ハダカイワシ自身も他の深海生物の大切な食料となっています。

ハダカイワシ

[ハダカイワシ科] 全長6～7.5㎝

太平洋、インド洋の水深100～2000mのところにすむ。体は細長く、頭から尾まで発光器をもつ。うろこはとてもはがれやすく、つかまえるとうろこがとれて「ハダカ」のようになってしまうことが名前の由来。

サクラエビも日周鉛直移動をする。
夜に海面付近に上がってくるため、
サクラエビの漁は夜間に行われる。

**ハダカイワシは、夜になると海の浅いところに上がってきて、
昼間は海の深いところにいます。
このように、深いところと浅いところを一日の間で
行ったり来たりすることを「日周鉛直移動」といいます。
このような生活をする深海生物は、
ハダカイワシのほかにも知られています。**

ハダカイワシのなかまは、
一日で100〜1500mの深さを移動することもある。

深海生物の日周鉛直移動

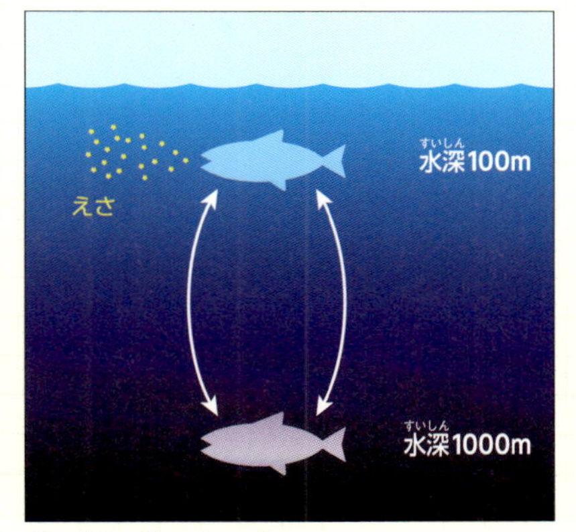

夜は浅い海に浮き上がってきて、えさとなる小さな甲殻類やプランクトンを食べる。昼間は深い海にもぐり、身をひそめている。

昼と夜で生活場所を変える 日周鉛直移動の理由

日中、深海で生活しているハダカイワシなどが、夜になると浅い海に上がってくるのは、えさを食べるためです。夜に上がってくる理由は、暗い夜の海のほうが、敵におそわれる心配が少ないからです。

深い海から浅い海への移動や、水圧の変化にたえられるように脂肪を多くもつ魚もいます。

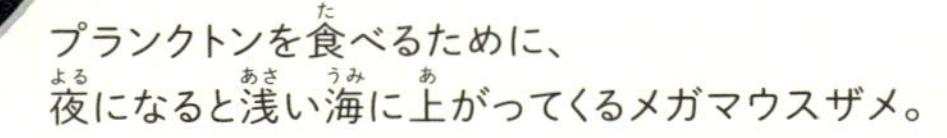

プランクトンを食べるために、夜になると浅い海に上がってくるメガマウスザメ。

コラム

ハダカイワシの発光器のひみつ

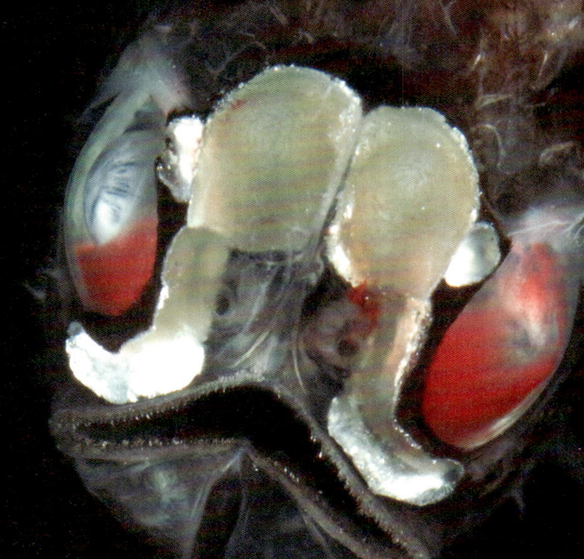

ハダカイワシのなかまは、種類が多く、
発光器をもつ場所はさまざまです。
腹部の発光器以外に、
体のどんなところに発光器をもっているのでしょうか。

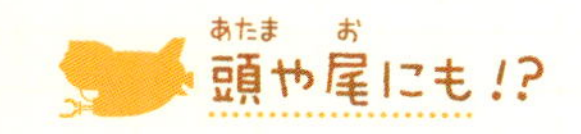

頭や尾にも!?

ハダカイワシの発光器

ハダカイワシは、カウンターイルミネーションの効果をもたらすため腹部に発光器をもちますが、頭部や尾部、体の側面などにも発光器をもつ種がいます。つき方や、その数も種によって異なります。

尾びれのつけ根の上下に、
大きな発光器をもつ、チャベスカガミイワシ。

目の前方に発光器をもつ、
ハダカイワシの一種。

光の爆弾を発射！

発光のひみつ

敵におそわれそうになると、青く光る発光物質を発射します。その液体は1～3秒後にもっとも明るくなり、きょうれつな光で敵の目をくらまします。

ガウシア

[メトリディア科] 体長1㎝

世界各地のあたたかい海の水深100～4000mのところにすむ、カイアシ類というプランクトンの一種。ほかの生物に食べられることが多い。自分より小さいプランクトンを食べる。

発光物質の可能性

発光生物のもつ発光物質は、
近年、医学の分野で利用されるようになり、
研究に役立っています。
さまざまな活用方法の研究が進めば、
将来に役立つ大きな発見が
あるかもしれません。

オワンクラゲ。かさの縁の緑色の光が、GFP（緑色蛍光タンパク質）によるもの。

ガウシアの発光物質は、細胞の研究や実験に利用される。

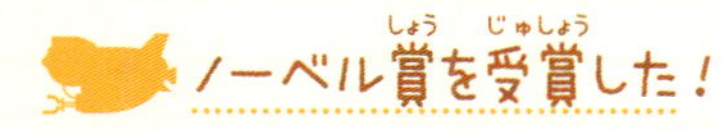

クラゲの発光物質

2008年に下村脩博士が、オワンクラゲのもつ「GFP（緑色蛍光タンパク質）」という発光タンパク質にかかわる研究で、ノーベル賞を受賞しました。

GFPは人の体の細胞の中に入っても、光り続ける性質をもっています。つまり、これを調べたい細胞につければ、その細胞が体の中の、どこでどのようにはたらいているかを調べることができるのです。この発見は、その後、がんの研究に役立てられました。

ガラスのようにすきとおったイカ

発光のひみつ

目のまわりに発光器をもちます。
発光することでとう明な体からすけて見える内臓とそのかげを消して、外部から見えにくくしていると考えられています。

サメハダホウズキイカ

［サメハダホウズキイカ科］体長7㎝

世界中の温帯・熱帯域の水深数百ｍのところにすむ。全身はガラスのようにすきとおったとう明。ホウズキのようにふくらんだ胴は、こんぺいとうのような形の小さな突起をもち、さわるとざらざらしている。

サメハダホウズキイカのひみつ

サメハダホウズキイカは、一瞬で体の色を変化させ、形を変えることができるという特ちょうをもちます。どのようなときに、そのような変身をするのでしょうか。

ふだんはとう明の体。
すけている内臓をかくすために、
内臓がたて向きになるように
体をかたむけて泳ぐ。

敵もびっくり!?

色が変わる体

サメハダホウズキイカは、ふだんはとう明な体をしていますが、刺激を受けたり、身の危険を感じたりすると、体の色をあざやかな色に変化させます。さらに目と触手を外とう膜の中にしまいこみ、風船のようにふくらみます。

あざやかな色に変わった
サメハダホウズキイカ。

No.13

青白い光が神秘的

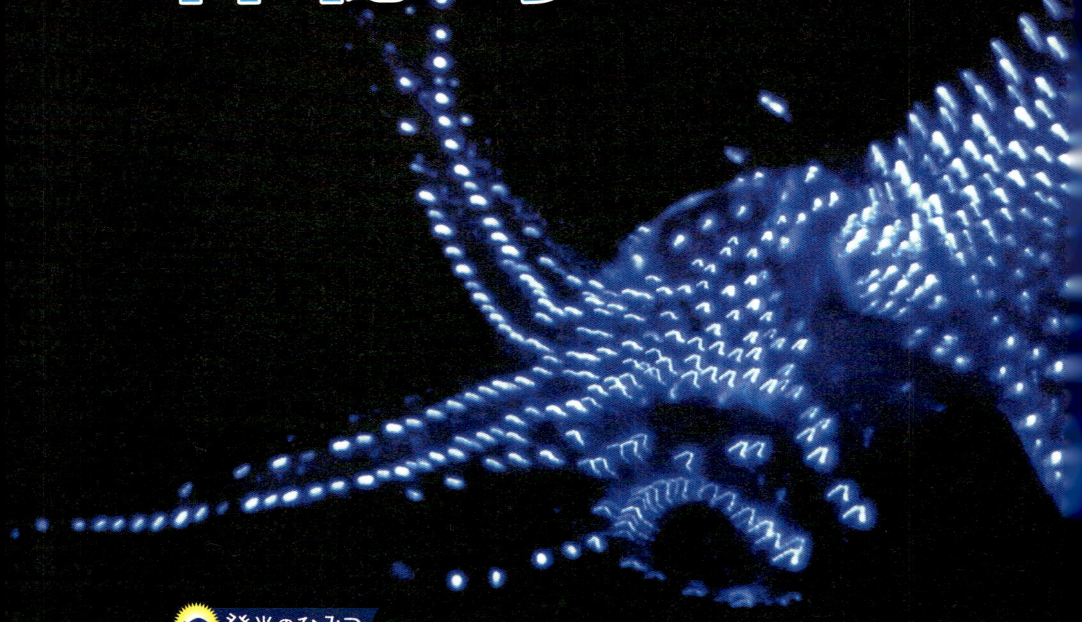

発光のひみつ

体全体にたくさんの発光器があります。

全身を発光させる、ホタルイカ。

ホタルイカ

［ホタルイカモドキ科］胴の長さ7㎝

日本海、北海道、土佐湾などに分布。水深600mのところにすむ。夜になると海面近くに上がってくる。富山湾では、春から初夏に産卵のために大量に現れ、とても美しい光景となるため、その海域は特別天然記念物となっている。

発光していないときのホタルイカ。

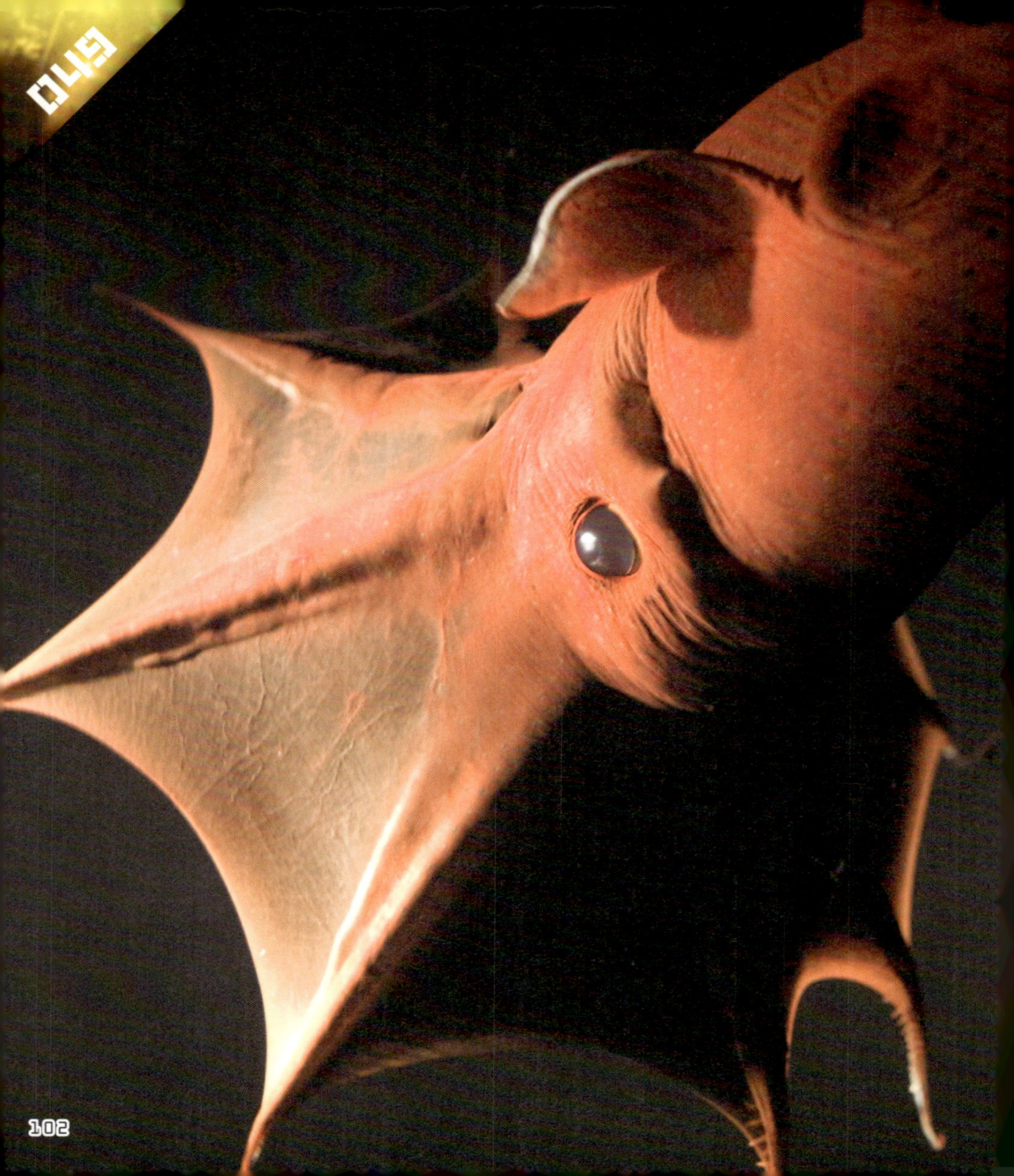
019

酸素の少ない場所にくらす！

食べ物のひみつ

酸素の少ない層でくらしているため、外敵も少なく、えさとなるマリンスノー（死んだプランクトンなど）をかくとくしやすくなっています。

コウモリダコ

［コウモリダコ科］体長15〜30㎝

世界各地のあたたかい海の水深400〜1000mのところにすむ。８本の腕が膜でつながっている。頭にある耳のようなひれを使って海中をただよう。目は大きく発達している。マリンスノーを食べる。

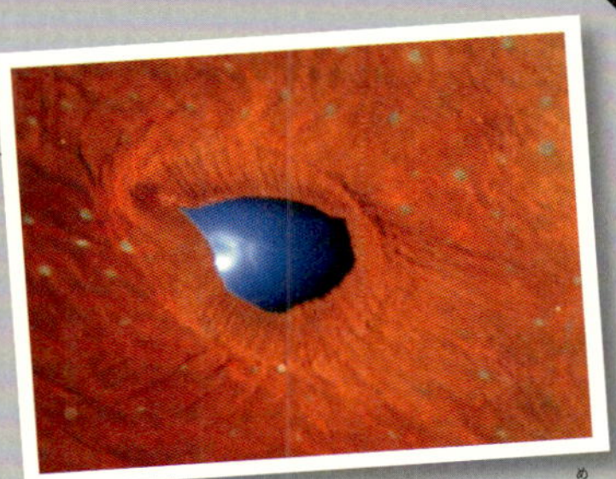

コウモリダコの目。

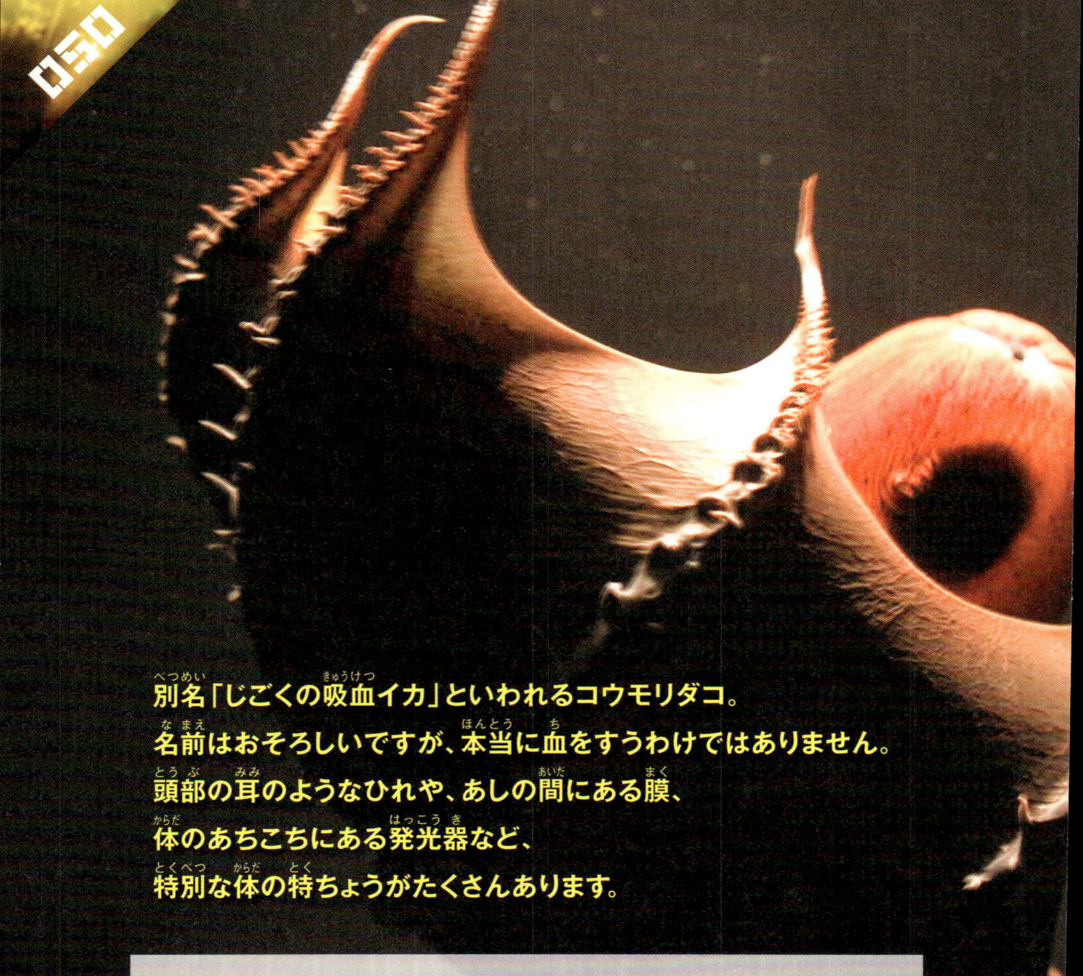

別名「じごくの吸血イカ」といわれるコウモリダコ。
名前はおそろしいですが、本当に血をすうわけではありません。
頭部の耳のようなひれや、あしの間にある膜、
体のあちこちにある発光器など、
特別な体の特ちょうがたくさんあります。

うら返すことのできる体

コウモリダコは、あしの間が膜でつながっています。膜のうら側は黒くなっているため、うら返して丸くなることで、暗い深海では敵から身をかくすことができます。また、あしの内側にはとげがあり、うら返すととげが表面に現れます。

コウモリダコの体のひみつ

膜をうら返すコウモリダコ。

タコでもイカでもない!?

原始的な体

原始的な体の特ちょうをもつコウモリダコは、イカとタコが分かれる、進化の途中の生物だと考えられています。体にあるポケットに「フィラメント」とよばれる細長い触手をしまっていて、「マリンスノー」という小さな生物の死がいを食べるときにそれをのばし、触手にくっつけて食べます。

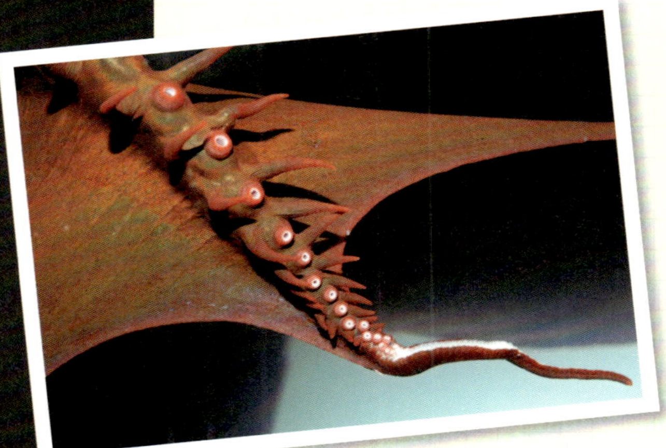

コウモリダコのあし。
吸ばんにそってとげがあり、
あしの先には発光器がついている。

ひれ

光る(ひか)スミをはく!

身を守るひみつ

海中(かいちゅう)をただよう光る(ひか)細菌(さいきん)を体(からだ)に取り(と)こんで、
光る(ひか)スミを体内(たいない)にためています。
身(み)の危険(きけん)を感じる(かん)とスミをはき出し(だ)、
そのすきに敵(てき)から逃げ(に)ます。

ヒカリダンゴイカ

[ダンゴイカ科] 全長2～3㎝

世界各地のあたたかい海の、水深750～1150mのところにすむ。丸い大きなひれを使って、海底すれすれを泳いでいる。小魚や甲殻類を食べる。

052

イカやタコのスミのはたらき

イカやタコは、真っ黒なスミをはくことで知られています。
スミをはく理由は、敵から身を守るため。
同じように見えるスミですが、イカとタコでは、
スミの性質やはたらきがちがうことがわかっています。

敵の目をそらすイカのスミ

イカのスミはねばねばしています。ふき出されたスミは水中ですぐに広がらず、イカの姿ににた細長い形にまとまります。これは、スミが自分の分身として身代わりになり、敵がそちらを見ているうちに逃げるためと考えられています。

視界をさえぎるタコのスミ

タコのスミは、さらさらしています。ふき出されたスミはけむりのように水中に広がり、敵の目をくらまします。

 深海のタコはもっていない!?

身を守るためのスミ

深海のタコのなかまには、メンダコのように、スミをはかないタコもいます。真っ暗な深海では、黒いスミをはいても意味がないため、スミ袋がなくなってしまったのではないかと考えられています。

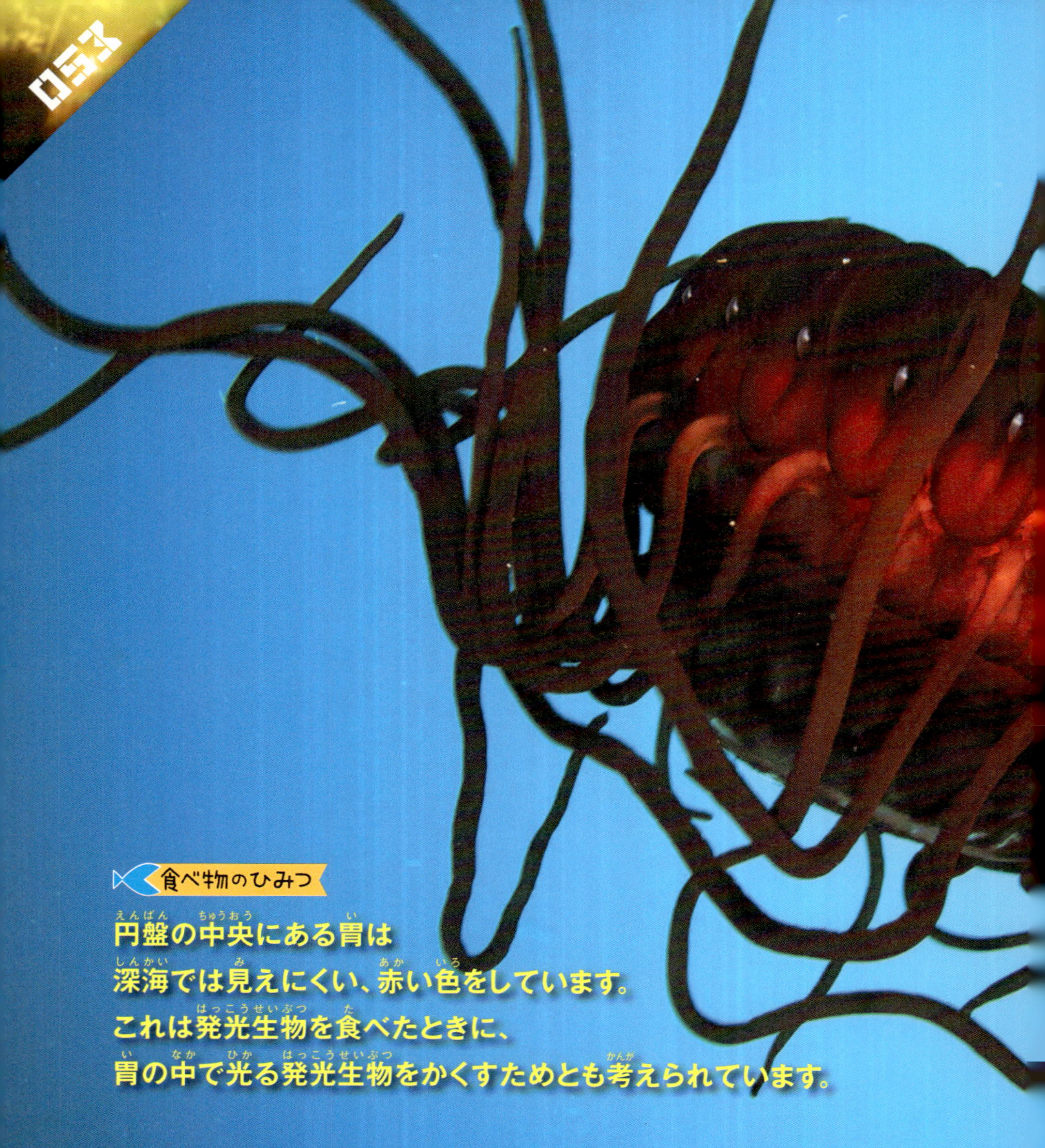

食べ物のひみつ

円盤の中央にある胃は
深海では見えにくい、赤い色をしています。
これは発光生物を食べたときに、
胃の中で光る発光生物をかくすためとも考えられています。

深海にいるUFO!?

ムラサキカムリクラゲ

［ヒラタカムリクラゲ科］かさの直径15㎝

世界各地の海の水深500～1500mのところにすむ。円盤型のUFOのような見た目。22本の触手の中に、1本だけとくに長くて太い触手があり、それをのばして獲物をつかまえる。敵におそわれると、全身が強く光る。

胃

体のひみつ

かさの内部の中央の赤い部分が胃。
胃が赤いのは、発光生物を食べても、
外に光がもれないようにするためであると
考えられています。

色つきの胃をもつクラゲ

クロカムリクラゲ

[クロカムリクラゲ科] かさの直径4～20㎝

日本近海の水深300mより深いところにすむ。円すい形のかさに、12本の触手をもつ。体の表面はとう明で、かさの中にある胃が外からも見える。敵におそわれると全身が発光する。

035

巨大古代ザメ!

体のひみつ

えら穴の数が一般的なサメのなかまより多く、6対あります。
強いあごとするどいのこぎりのような歯をもっています。

えら穴の数は6対

カグラザメ

［カグラザメ科］体長約3～5m

広範囲の海に分布し、水深2000mまでのところでくらしている。昼は深海でカレイやカニなどの海底でくらす生物を食べているが、夜になると海の浅いところまで上がってきて魚類やイカ、タコなどを食べる。

カグラザメの全身。

036

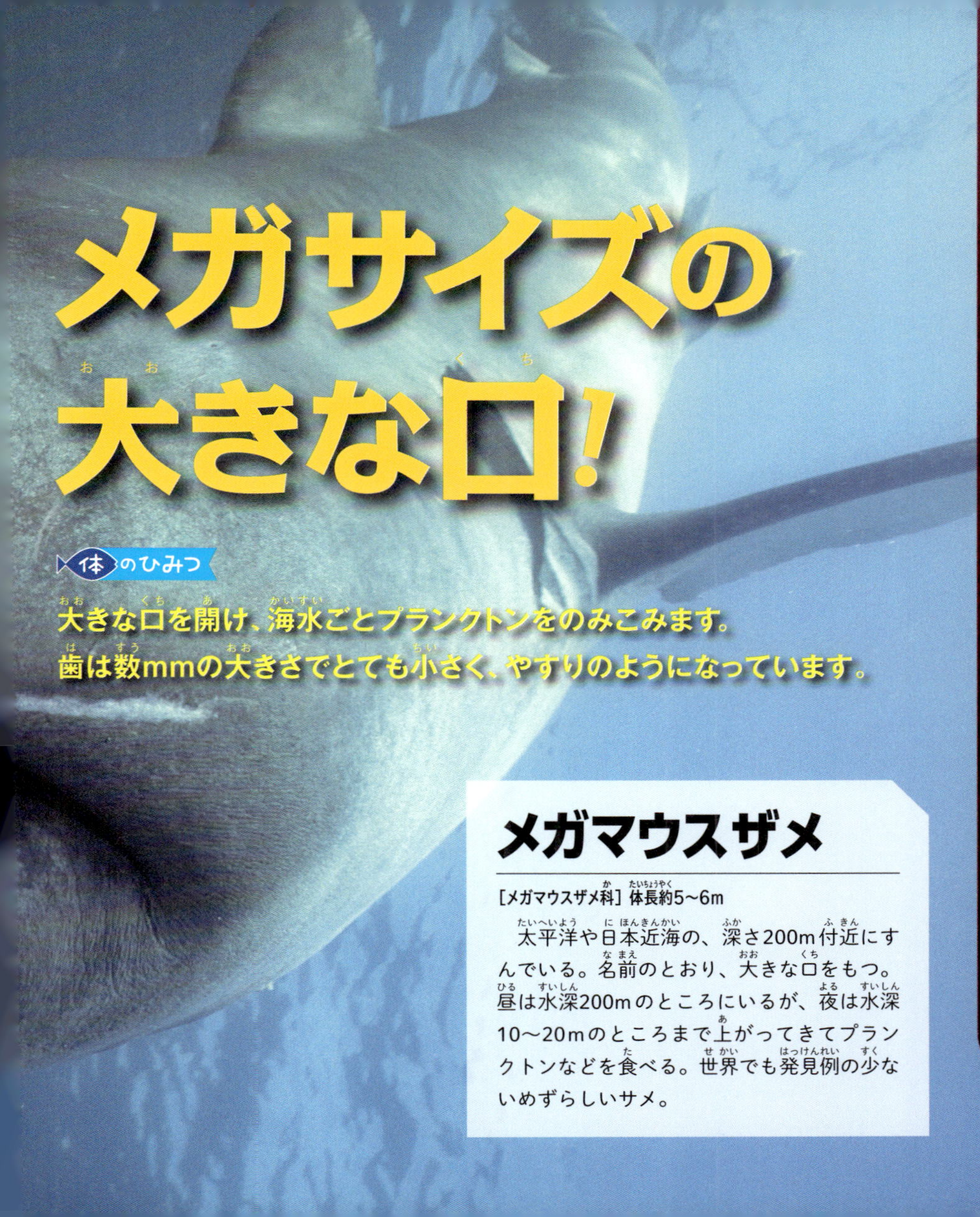

メガサイズの大きな口！

体のひみつ

大きな口を開け、海水ごとプランクトンをのみこみます。
歯は数mmの大きさでとても小さく、やすりのようになっています。

メガマウスザメ

[メガマウスザメ科] 体長約5～6m

太平洋や日本近海の、深さ200m付近にすんでいる。名前のとおり、大きな口をもつ。昼は水深200mのところにいるが、夜は水深10～20mのところまで上がってきてプランクトンなどを食べる。世界でも発見例の少ないめずらしいサメ。

057

大きな口で獲物を丸のみ

食べ物のひみつ

大きな口をめいっぱい広げて、海水と一緒にイカや魚などの獲物をいっきにすいこみます。口に入った獲物を、ふくらませたのどでのみこみ、海水だけを口からはき出します。

フクロウナギ

［フクロウナギ科］全長1m

太平洋、インド洋、大西洋の水深500〜3000mところにすむ。魚や小さなエビなどの甲殻類を食べる。体は細長く、大きな口をもつ。発達したあごの骨が、大きな口を支えている。尾の先が光り、獲物をおびきよせると考えられている。

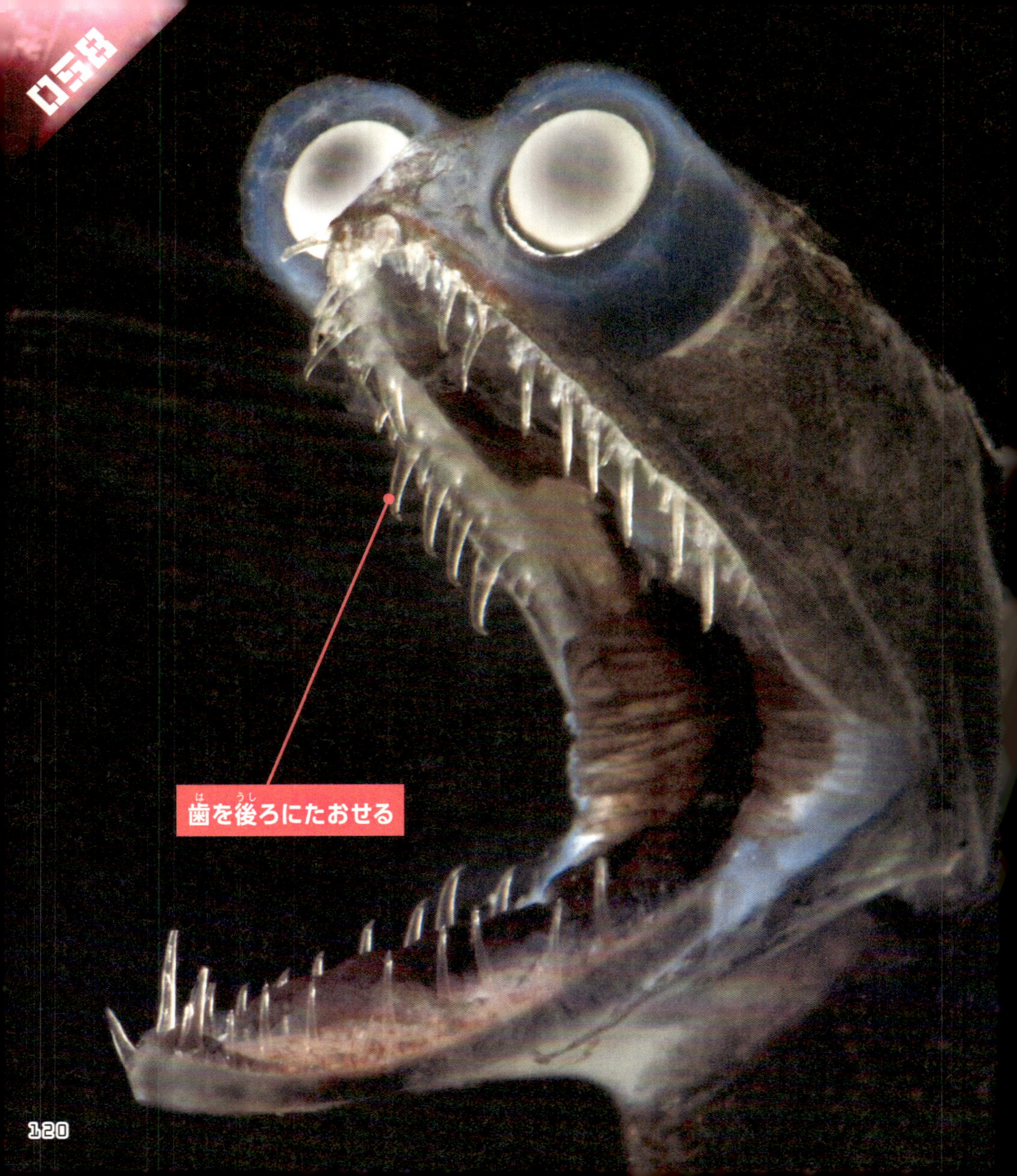
058
歯を後ろにたおせる

つつのような細長く大きな目

体のひみつ

長いつつのような形の目で、
深海のかすかな光をとらえ、獲物を見つけます。
歯を後ろにたおすことができ、
自分より2倍以上大きな獲物でさえ、丸のみにしてしまいます。

ボウエンギョ

[ボウエンギョ科] 体長10〜20㎝

大西洋のあたたかい海の、水深500〜3500mのところにすむ。大きな口とつつのような目が特ちょう。幼魚のころは目が横についているが、成長するにつれ前を向き、細長くなる。

ボウエンギョの幼魚。

059

ボウエンギョ

光を集める大きな目

ボウエンギョ（120ページ）や、クロデメニギス（32ページ）、ギガントキプリス（162ページ）などは、体に対して大きな目をもちます。人間の目には見えないような、深海のかすかな光をとらえて、ものを見ることができます。

変わった目の深海魚

深海にすむ魚は、太陽の光が届かない暗い世界で生きていくための、変わった体の特ちょうをしています。とくに目は、浅い海にすむ魚と大きくちがい、さまざまな進化をとげてきました。

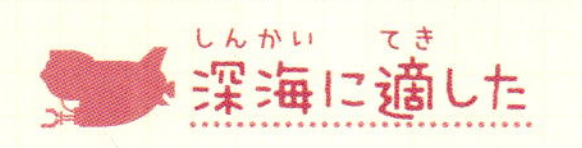

深海に適した さまざまな目

深海魚の目は、大きく２つに分かれます。ひとつは、かすかな光でも多くとりこむために、目がとても発達したもの。もうひとつは、目の機能をなくしてしまったものです。また、目のつき方に、特ちょうをもつものもいます。

チョウチンハダカ

ものが見えない目

チョウチンハダカは、目が完全にありませんが、このように目が全くないものは、ほとんどいません。ヌタウナギ（16ページ）は、目が皮ふの下にうまってしまっています。

フクロウナギ

小さい目

フクロウナギ（118ページ）やオオイトヒキイワシ（20ページ）などは、よく見ないと見つからないほど小さな目です。そのかわり、このような生物は、においや水のふるえなどを、びんかんに感じる機能がとても発達していることが多いです。

トガリムネエソ

上を向いた目

トガリムネエソ（82ページ）などは、目が上向きについています。深海に届く太陽の光で浮かび上がる、自分より上を泳ぐ獲物のかげを、すばやく見つけるためです。

050

食べすぎるとお腹をこわす!?

のひみつ

体に、人が消化できない脂肪成分を多くふくんでいるため、食べすぎると下痢をしてしまったり、皮ふから油が流れ出たりすることがあります。

とげとげのうろこ

バラムツ

[クロタチカマス科] 体長1.5m

世界の温帯から熱帯の海、日本各地の海の水深400〜850mにすむ。細長い体に、するどい歯をもつ。群れで泳ぐ。うろこはとげとげしていて、はがれにくい。

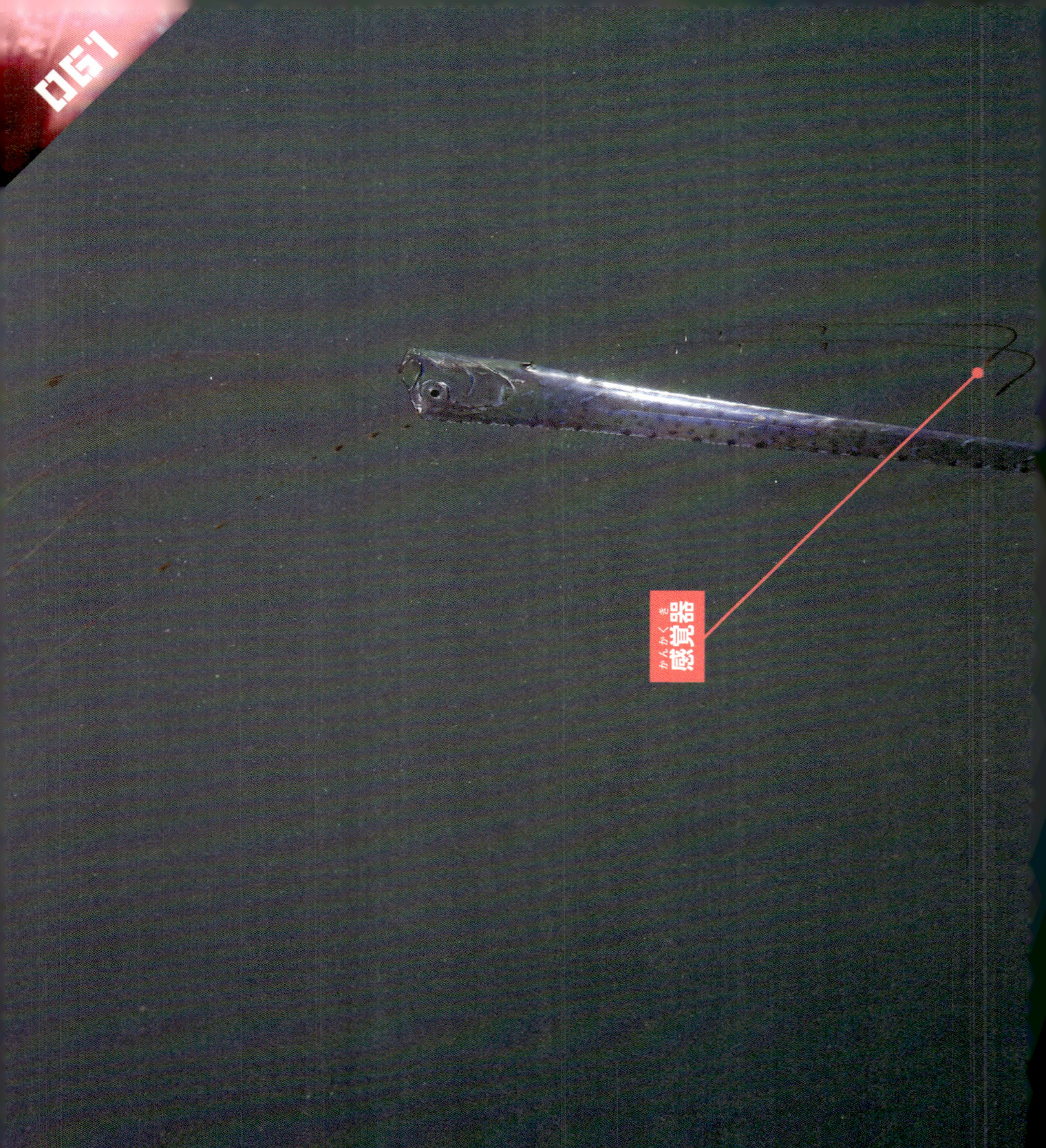
051
感覚器（かんかくき）

日本の人魚のモデルといわれた魚

体のひみつ

あごの下からのびる、
細くて長い腹びれの先は、
感覚器の役割をしています。
腹びれの先で、
小魚やイカなどの獲物を探します。

リュウグウノツカイ

[リュウグウノツカイ科] 全長5～10m

世界各地の水深200～1000mの海にすむ。平たく、細長い帯のような体。頭の後ろから尾びれの先まで、たてがみのような赤い背びれがついている。浅い海を移動するとき以外は、立ち泳ぎをしていることが多い。

062

何(なん)でものみこむ食(く)いしん坊(ぼう)

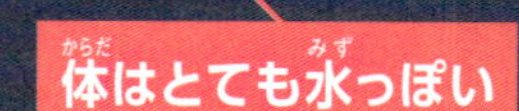

食べ物のひみつ

大きな口で、
口に入るサイズのものなら何でも
丸のみにしてしまいます。
おもにイカ、タコ、魚類を食べます。

ミズウオ

[ミズウオ科] 体長1.3m

太平洋、インド洋、大西洋などの、水深900〜1400mのところにすむ。雌雄同体である。そのため、おすとめすのどちらの性別にもなることができる。

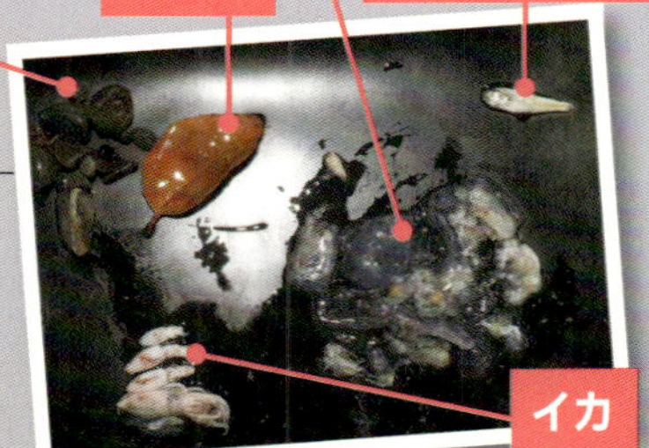

打ち上げられたミズウオが食べていたもの。

海岸に打ち上がる深海生物

海のとても深いところにすんでいる深海生物でも、
まれに海岸に打ち上げられることがあります。
世界各地の海で、まぼろしの魚といわれる深海魚たちが、
たびたび発見されています。

駿河湾にある浜に打ち上がったミズウオ（128ページ）。冬から春、暴風雨の後に発見されることが多く、生きたまま打ち上がることもある。

浅い海の水面を泳ぐリュウグウノツカイ（126ページ）。日本でも新潟県沖や石川県沖の海面で見つかったことがある。

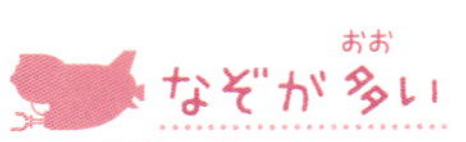

なぞが多い

漂流する深海魚

深海魚は、暴風雨の後や、海があれているときなどに発見されることが多いことから、潮の流れに関係があると考えられていますが、はっきりとした原因はわかっていません。深海魚が打ち上がる理由は、まだなぞに包まれたままです。

体のひみつ

発見された3億5000万年前の化石と姿がほとんど変わっていないことから、「生きている化石」とよばれます。あしのようなひれをもつことで、陸に上がって生活する準備をしていたのではないかと考えられています。

恐竜よりも昔から深海に生き続ける古代魚！

シーラカンス

[シーラカンス科] 体長1～2m

南アフリカのコモロ諸島近海の水深100～600mの岩場にすむ。昼間は海底のほら穴でじっとしているが、夜になると活動する。卵を産まず、子を産む。

シーラカンスの化石。

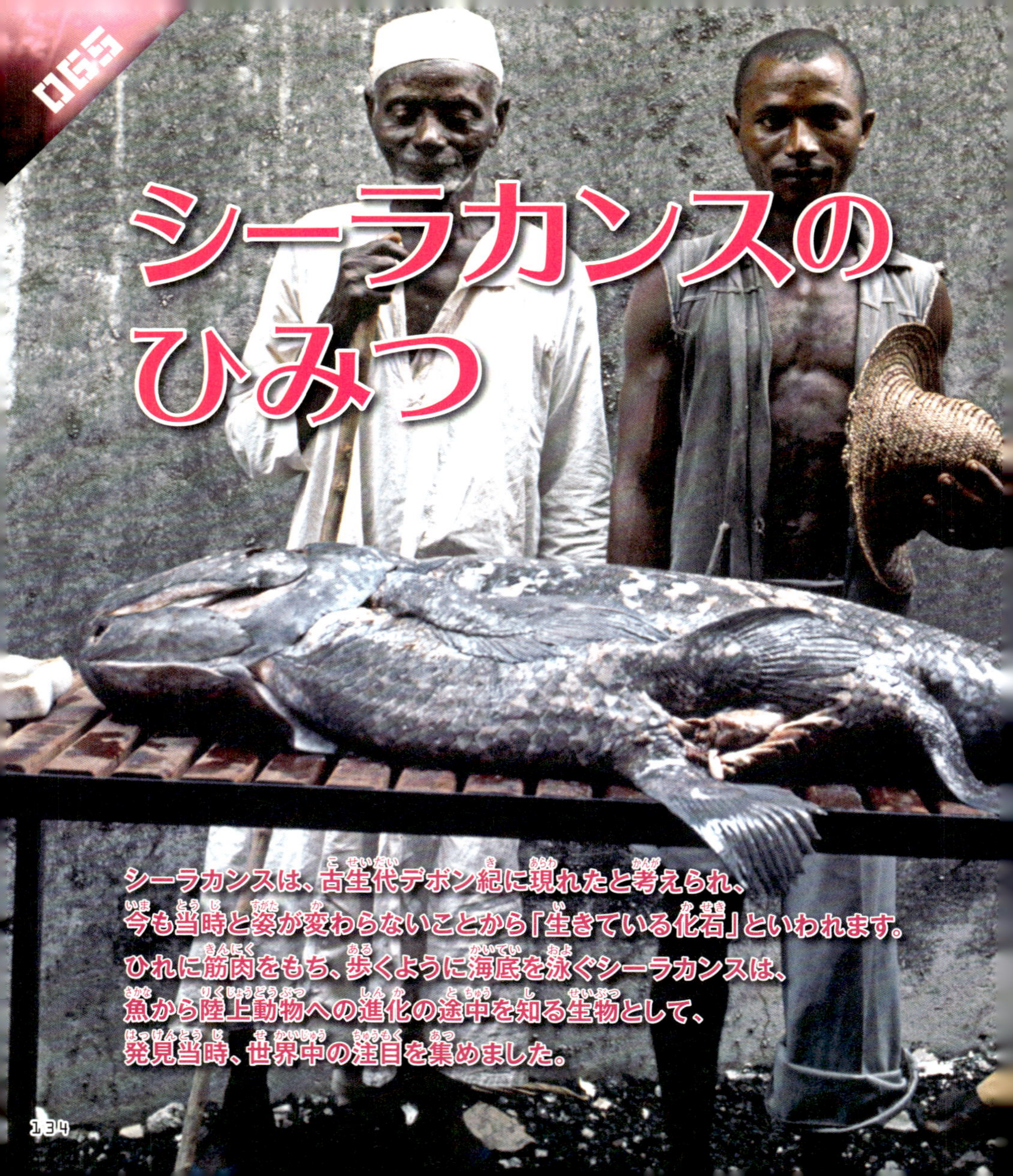

055

シーラカンスのひみつ

シーラカンスは、古生代デボン紀に現れたと考えられ、今も当時と姿が変わらないことから「生きている化石」といわれます。ひれに筋肉をもち、歩くように海底を泳ぐシーラカンスは、魚から陸上動物への進化の途中を知る生物として、発見当時、世界中の注目を集めました。

捕獲されたシーラカンス。

シーラカンスのひれには、人間のように骨と骨の間に関節があり、しかも筋肉がついている。これは、ふつうの魚のなかまには見られない特ちょうである。

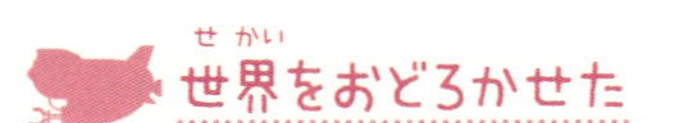
世界をおどろかせた

シーラカンスの発見

シーラカンスが初めて捕獲されたのは、1938年。南アフリカの沖で見つかりました。恐竜の時代に絶めつしたと考えられていたシーラカンスの発見は、世界中の生物学者をおどろかせました。その14年後、東アフリカのコモロ諸島近辺でも発見され、以後その付近で200尾ほどが捕獲されました。

1997年には、コモロ諸島から1万kmはなれたインドネシアでも、別種のシーラカンスが発見されました。このシーラカンスは、「インドネシアシーラカンス」と名付けられました。

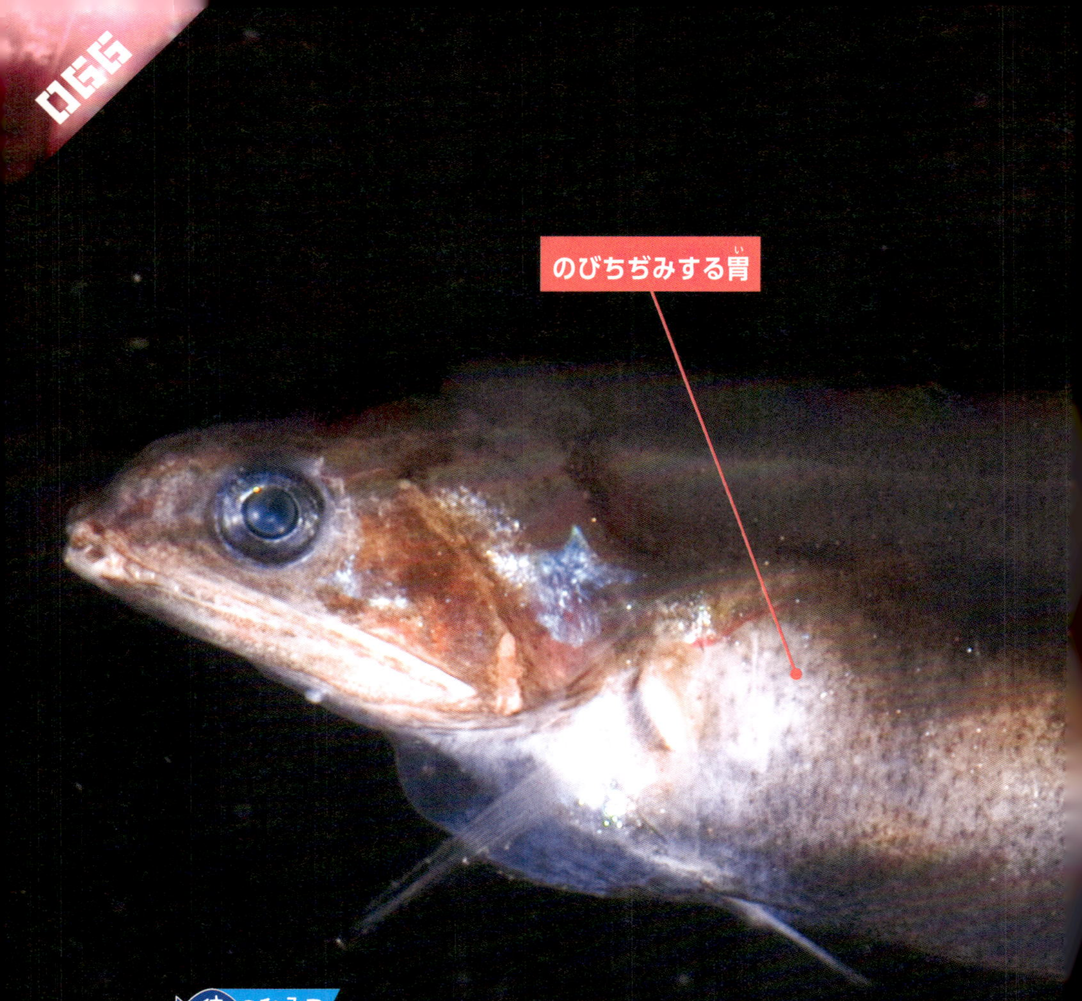

体のひみつ

獲物の大きさによってのびちぢみする、じょうぶな胃をもちます。
一度大きな獲物を食べれば、
消化し終わるまでの長い間、何も食べずに過ごせます。

獲物に合わせてのびる胃！

オニボウズギス

［クロボウズギス科］体長15～25㎝

水深200～1000mの世界中の海に広く分布する。するどい歯をもち、自分より何倍も大きな魚やイカを丸のみにすることができる。

消化し終えて、胃の中が空になっているオニボウズギス。

強力なあご

海の底をそうじする巨大ダンゴムシ

食べ物のひみつ

海底に落ちている魚や、クジラなどの死がいを食べます。
何も食べずに5年以上生きることができます。

ダイオウグソクムシ

[スナホリムシ科] 体長40㎝

大西洋の水深200～800mの海底にすむ。7対のあしの後ろの尾には遊泳肢というひれがあり、すばやく泳いで移動できる。ダンゴムシやフナムシに近いなかまです。

ダイオウグソクムシの全身。

058

世界最大のカニ

体のひみつ

甲らは小さく、あしが長いのが特ちょう。
おすのほうがめすよりも大きい。
おすは両あしを広げると3m以上にもなる。世界最大のカニ。

タカアシガニ

［クモガニ科］甲らの幅30cm

日本から台湾の太平洋沿岸の、水深200〜800mのところにすむ。ふだんは深い海の海底でくらすが、卵を産むときになると浅い海に上がってくる。

長いあしで、前後左右に歩ける。

069

世界最大の目！まぼろしの巨大イカ

体のひみつ

全長の3分の2にもなる、
2本の長い触腕をのばして、獲物をとらえます。
触腕には、大きな吸盤がならんでいます。
目が生物で一番大きく、サッカーボールほどもあります。

ダイオウイカ

［ダイオウイカ科］全長7～17m

世界各地の水深200～1000mの海にすむ。ろうとから水をふき出して泳ぐ。頭部にあるひれは小さく、泳ぐのはあまり得意ではないと考えられている。世界最大のイカです。

ダイオウイカの吸盤。

010

なぞが多い巨大な深海生物

ダイオウイカやタカアシガニなど、深海には、地上や浅い海ではいないような巨大な生物がいます。
なぜこのような巨大生物が、深海には存在するのでしょうか。

ニシオンデンザメは、全長7m以上、体重は750kg以上にもなる巨大な深海ザメ。体のわりに泳ぐスピードがおそく、人間の赤ちゃんがハイハイするくらいの速さで泳ぐ。

ダイオウイカ(142ページ)は、最大で全長18mにもなり、4階建てのビルの高さと同じくらい。

タカアシガニ(140ページ)は重さ10kg以上になり、広げたあしの長さは3mを超える。古くから、甲らにオニの顔をかき、魔よけのお守りに使う風習がつたわる地域もある。

いくつもの説がある

巨大化の理由

巨大化した理由には、深海の水温の低さに関係があるという説があります。水温が低いと、生物は成長するスピードがおそくなります。そのため、成長に時間がかかり、死ぬまで成長しつづける生物の場合、体が大きくなるのではないかと考えられているのです。

また、巨大な体は、敵におそわれにくいことや、食べ物が少ない深海で栄養を長くたくわえていられるという利点もあり、それに対応して巨大化したとも考えられます。

071

小さな生き物の集合体!

体のひみつ

ひとつひとつの個虫が集まった群体として生きています。
長くのびた幹は、それぞれの役割をもつ個虫で構成され、
長くのびると3mほどになります。

アイオイクラゲ

[アイオイクラゲ科] 全長3m

世界の温暖な海の水深400〜850mのところにすむ。向かい合った2つのとう明なかさをもち、それぞれのかさの大きさはやや異なる。かさの間から1本の幹がのびていて、幹の中に触手や生殖体がふくまれている。

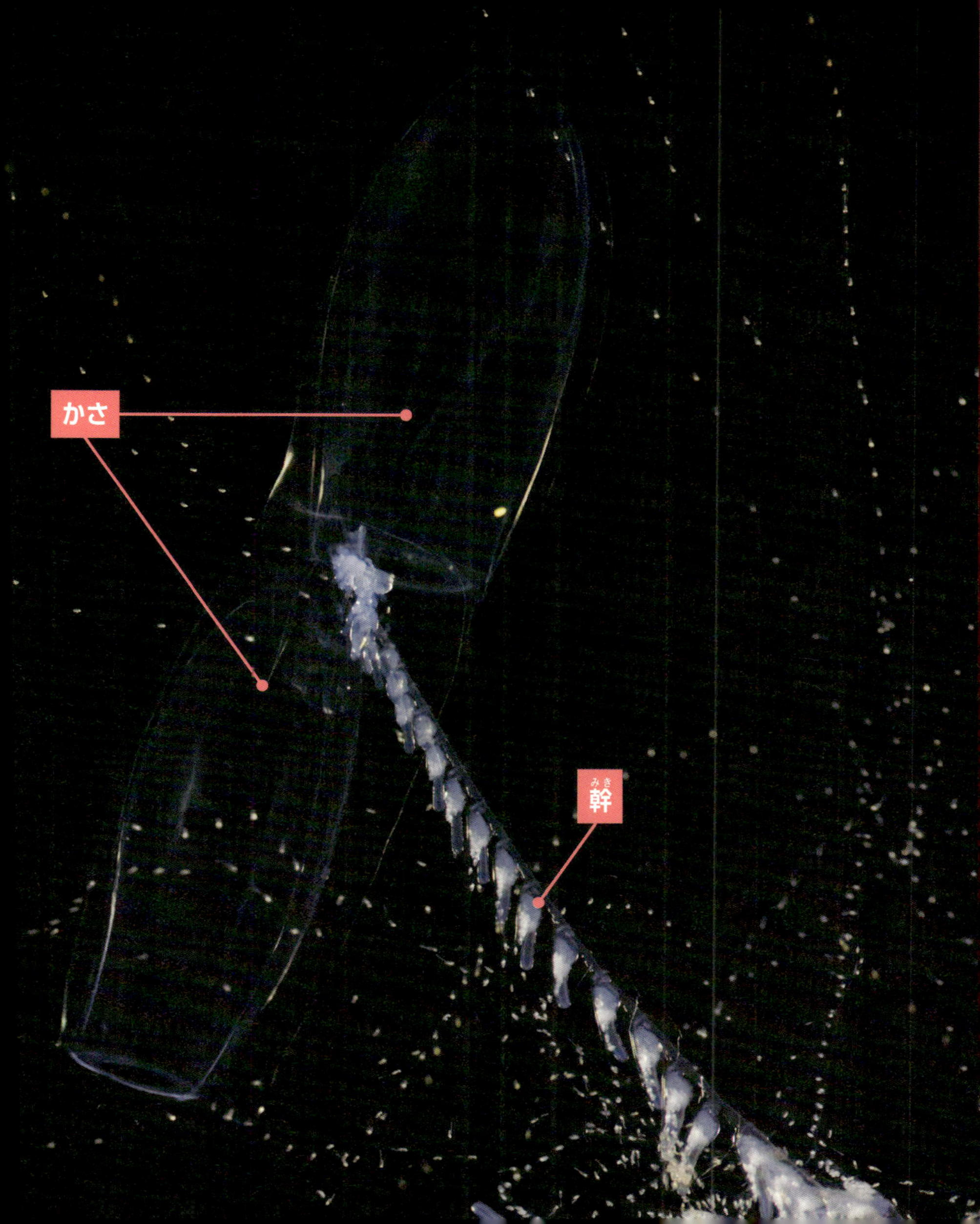

かさ

かさ

幹

SHINKAI ▼ デカイ深海生物 ― 刺胞動物

072

深海で身を守るための武器

えさの少ない深海は、まさに弱肉強食の世界。
どんな生き物でも、おそわれないとはかぎりません。
深海の生物は、体にさまざまな武器をそなえて身を守っています。

かたいうろこや体

ヨロイザメ（26ページ）やウロコフネタマガイ（48ページ）などは、かたい皮ふやうろこで、おそってきた敵から身を守っています。

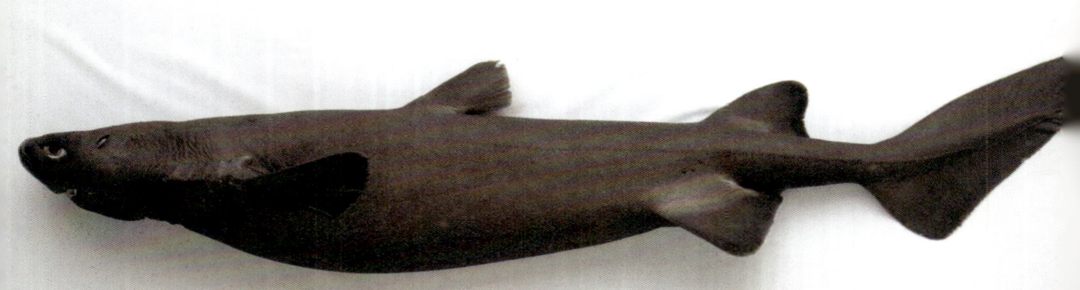

ヨロイザメ

深海はサバイバル！

敵から身を守る体

どこまでも真っ暗な世界が広がる深海には、どこに敵がひそんでいるかわかりません。深海生物は、いつも危険ととなり合わせです。

そのため、危険を早めに察知するセンサーをもっていたり、逃げ足がとても速かったり、おそってきた敵をおどろかせたりなど、さまざまな方法で身を守っています。

オオイトヒキイワシ

ミツクリエナガチョウチンアンコウ

危険を感じるセンサー

オオイトヒキイワシ（20ページ）やナガヅエエソなどは、長くのびるひれをセンサーのように使って水の流れをびんかんに感じ、敵が近づいてきたことにすばやく気づくことができます。

ねばねばの粘液や発光液

ヌタウナギ（16ページ）やミツクリエナガチョウチンアンコウなどは、敵におそわれると、ねばねばの粘液や光る発光液を出して、敵を動けなくさせたり、おどろかせたりします。

073

キレイな銀色の体と長い鼻

体のひみつ

ゾウのようにのびた吻先は、
わずかな電気を感じとることができる機能をもちます。
この鼻先で、海底の泥や砂の中にかくれた獲物を探し出します。

センサーになっている

ゾウギンザメ

[ゾウギンザメ科] 全長1～2m

オーストラリア沖などの、水深250mのところにすむ。ウサギのようにとび出した前歯で、貝やエビなどのかたい獲物をくだいて食べる。産卵期には浅い海に上がってきて泥地に大きな葉っぱのような形の卵を1度に2個産む。

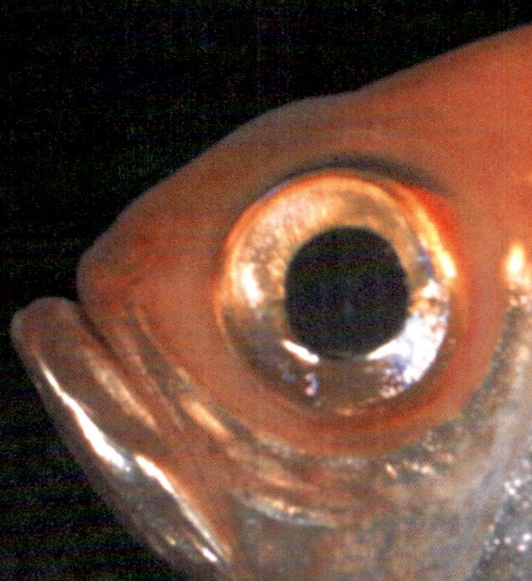

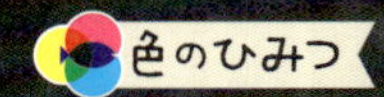

体全体(からだぜんたい)が深海(しんかい)では見(み)つかりにくい赤(あか)い色(いろ)をしています。
目(め)は暗(くら)い深海(しんかい)でも光(ひかり)を集(あつ)めやすいつくりになっています。

金色に光る大きな目

キンメダイ

[キンメダイ科] 体長50㎝

太平洋、インド洋、大西洋、日本では釧路以南に分布。水深100〜800mの岩場にすんでいる。夜になると海面近くに上がってくることもある。大きな目は、光が当たると金色に輝く。

キンメダイの目のひみつ

キンメダイの大きな丸い目は、深海で光に照らされると、金色に光って見えます。「キンメダイ」という名も、金色の目に由来しています。キンメダイは、目から光を出しているのではありません。なぜこのように見えるのでしょうか。

暗やみで光る！

金色の目

キンメダイの目が暗やみで光って見える理由は、目のつくりにあります。キンメダイは目の奥に「タペータム」とよばれる、光を反射する板をもっています。

深海魚では、バラムツ（124ページ）やアオメエソなどもタペータムをもっています。

ネコなどの夜行性のほ乳類の目が、暗やみで光って見えるのも、同じしくみ。

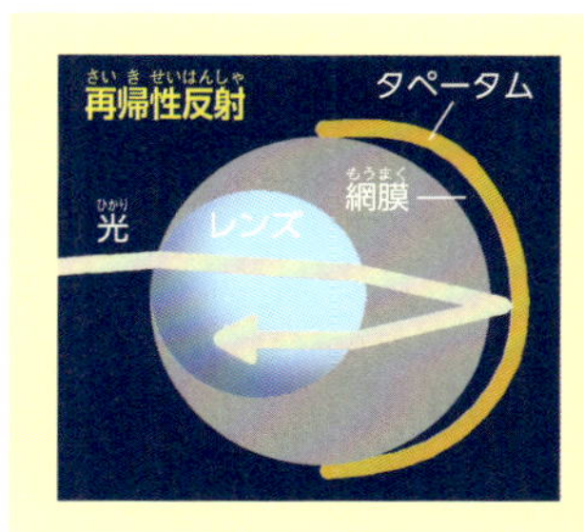

目のしくみ

目のレンズを通った光が網膜の後ろにあるタペータムに当たると、光が反射する。目のレンズを通って戻ってきた光で、目が金色に光っているように見える。このようにして目の中の光の量を増やすことで、暗いところでもものを見やすくする。

076

逆立ちをしながら泳ぐ魚

管状の口を使って、海底の獲物を探して食べます。口に歯はありません。

サギフエ

［サギフエ科］体長15㎝

琉球列島をのぞく日本各地の、水深500mより浅い海の砂底にすむ。体はうすく、うろこはざらざらしている。口先が管状になっていて、頭を下にして泳ぐことが特ちょう。長い距離を移動するときは、水平に泳ぐ。

背びれの先にとげがある。

077

優雅にただよう深海魚

テンガイハタ

[フリソデウオ科] 体長2m

中部太平洋や、南アフリカなどに分布。日本では千葉県沖から高知県沖で見られる。水深200mより深いところにすむ。体は銀白色で数個の黒い斑がある。短い体に対して腹びれと尾びれはとても長く、それぞれ赤い色をしている。

体のひみつ

幼魚のときは海の浅いところをただよっています。成魚は立ち泳ぎしながら、口を大きくのばして小さな甲殻類を吸いこんで食べてしまいます。

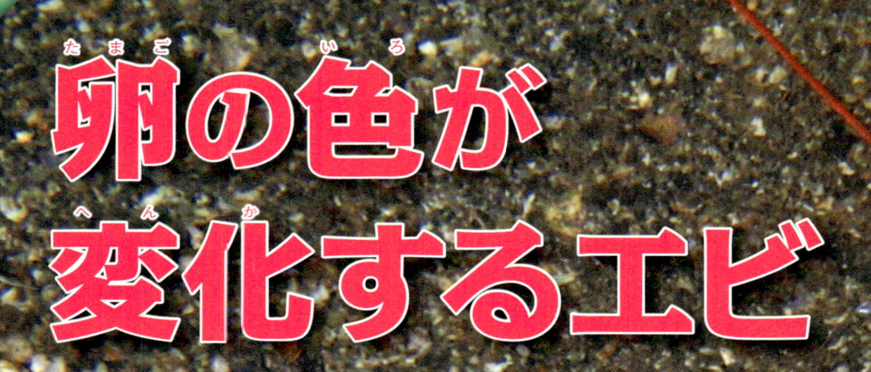

卵の色が変化するエビ

体のひみつ

繁殖期になると、直径2㎜もの大型の卵を
500～1500個ほどお腹にかかえています。
卵は孵化に近づくにつれ、
こん色から水色、オレンジ色へと
大きく色を変えます。

アカザエビ

［アカザエビ科］体長20～25㎝

相模湾から九州東岸の、水深200～400mの砂泥地に、穴をほってくらす。腹部に、「小」の字ににたもようがある。高級食材としても知られる。

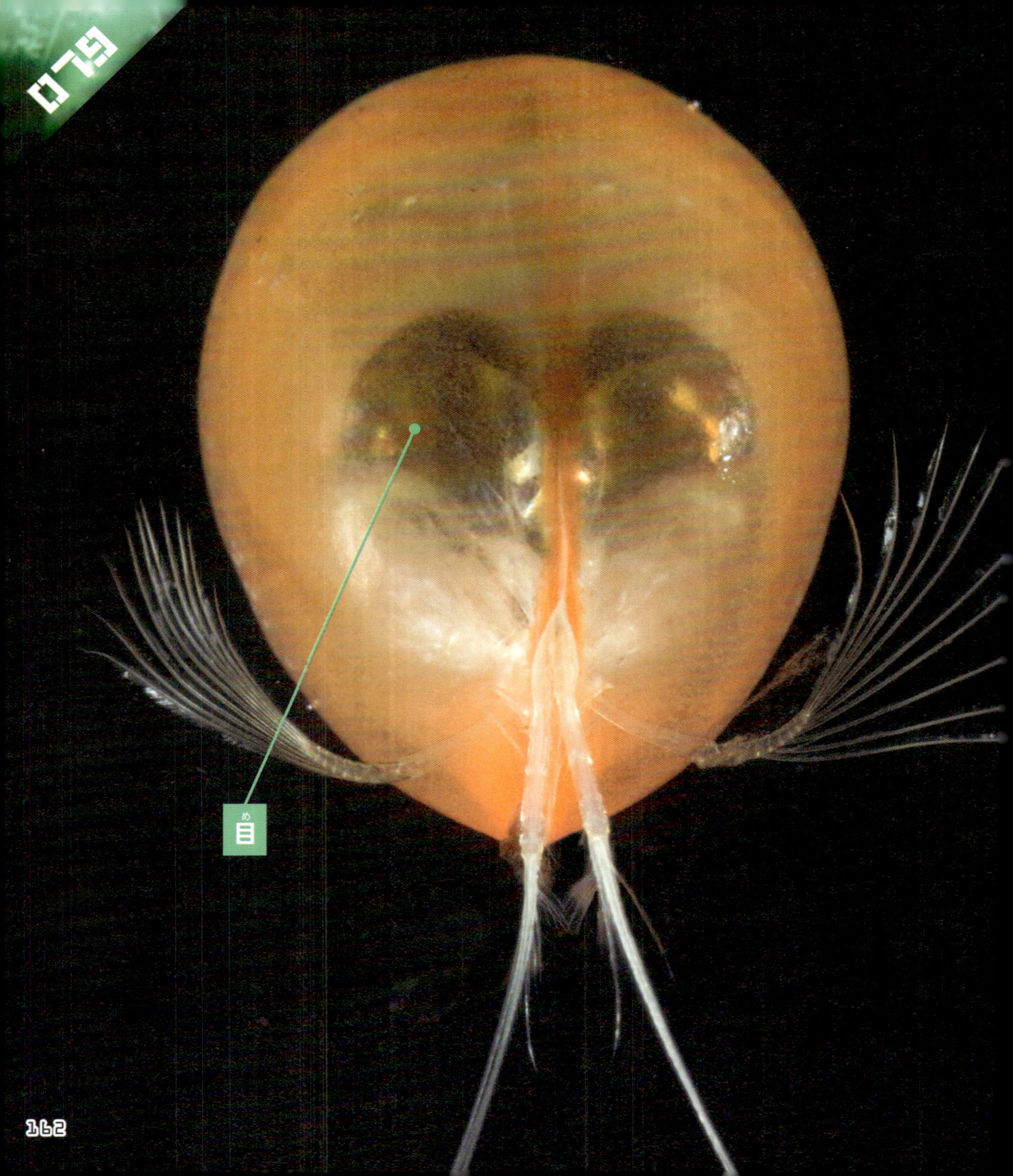
079
目

暗やみでは世界一目がいい!?

体のひみつ

真っ暗な深海でも、わずかな光を集めて周りを見ることができる大きな目が特ちょう。その能力は生物のなかでも世界一といわれています。

ギガントキプリス

［ウミホタル科］体長1～3㎝

南極海の水深900～1300mのところにすむ。全身をおおう明るいオレンジ色の殻に、大きな金色の目をもつ。腹側の殻のすき間から出したあしで、海中を泳ぐ。

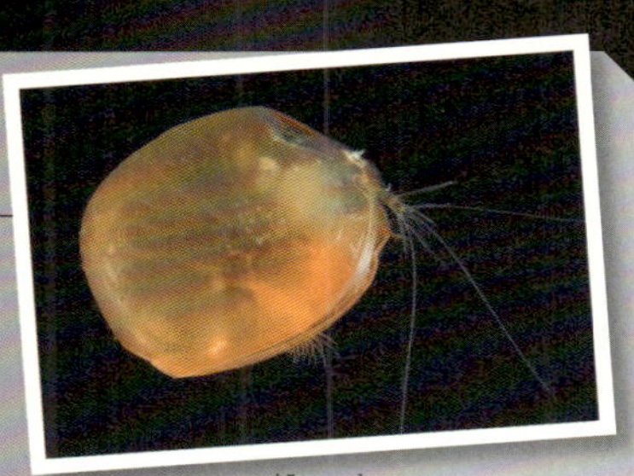

横から見たギガントキプリス。

080

あざやかな色の深海生物

ミノエビのなかま

甲らに「アスタキサンチン」という
赤い色の色素をもっている。

オニキンメ

幼魚のころはピンク色の体だが、
成長するにつれ全身が黒くなる。口の中まで黒い。

水深200～1000mの深海には、
キンメダイのなかまやカニ、エビなど、
美しい紅色や赤い体をした生物がたくさんいます。
また、黒い体をして暗やみにひそんでいる生物もいます。

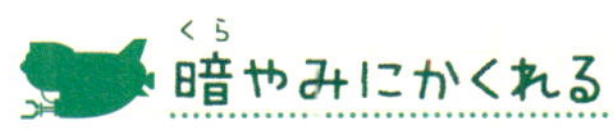

暗やみにかくれる

赤い体

深海生物の体の色に赤が多い理由は、身をかくすため。あざやかな赤い色は、地上ではとても目立って見えますが、深海では見えなくなってしまうのです。その理由は、光が届く距離との関係にあります。

イバラガニのなかま

赤いとげとげが特ちょうで、その体色から「アカガニ」ともよばれる。

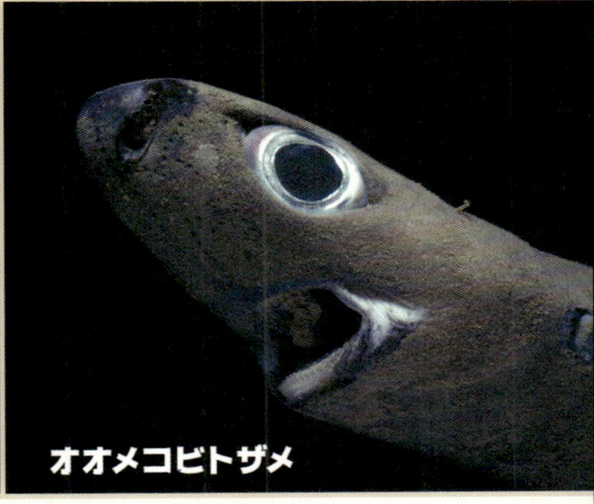

オオメコビトザメ

全身が黒く、腹に発光器をもつ。全長26cmほどで、世界最小のサメ。

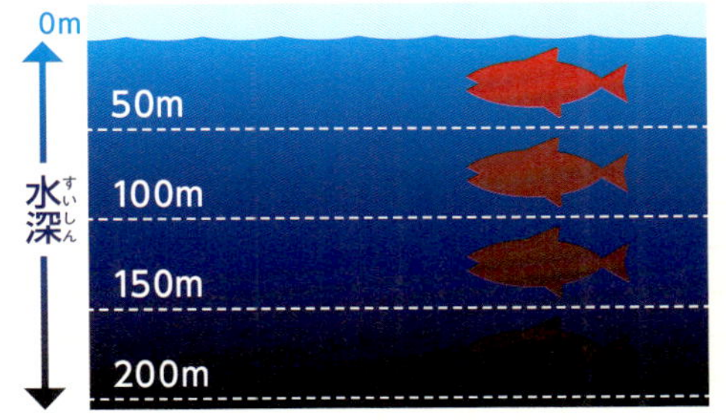

赤い色を見るための光は水深200m以上には届かないため、深海で赤い色は見えなくなってしまう。

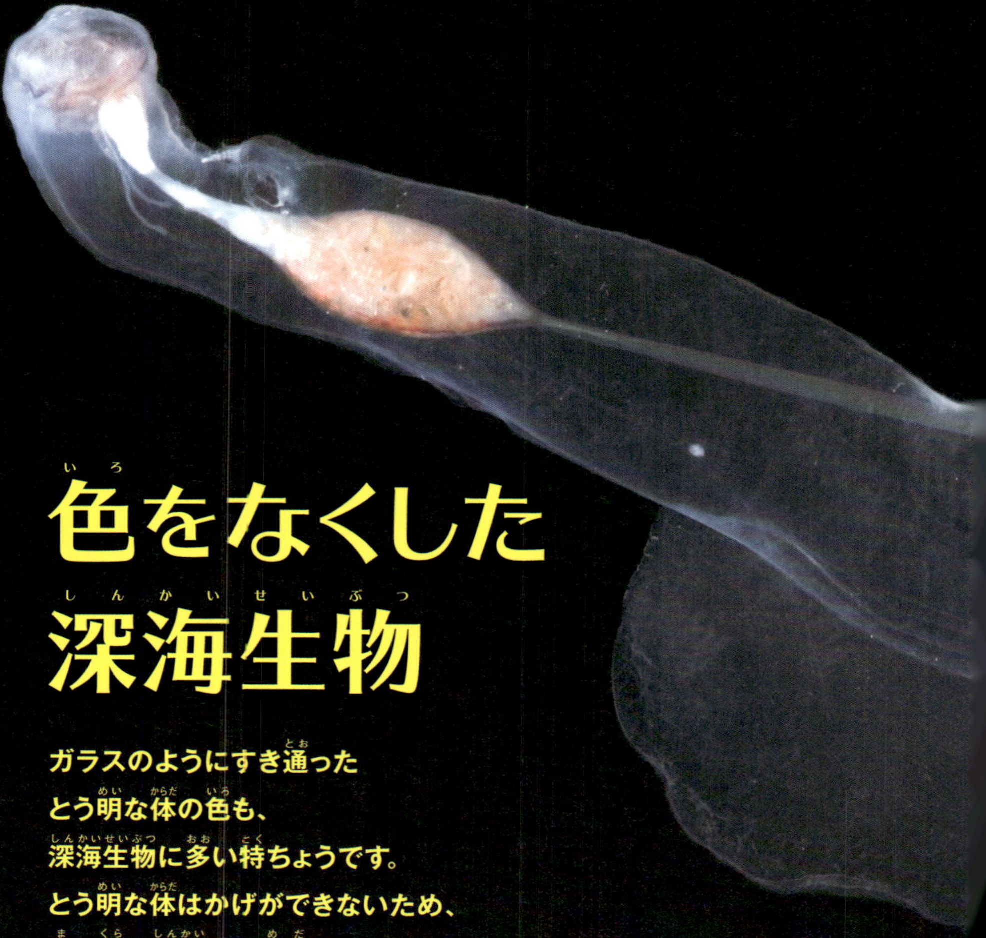

081

色をなくした深海生物

ガラスのようにすき通った
とう明な体の色も、
深海生物に多い特ちょうです。
とう明な体はかげができないため、
真っ暗な深海では目立たなくなります。

ゼリーのようなとう明な体で、
海中をただようゾウクラゲのなかま。
巻貝のなかまだが、殻をもたない。
中央にすけて見えるのが内臓。

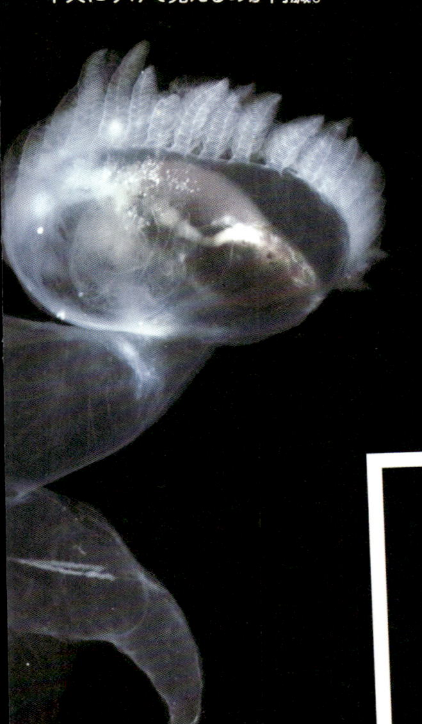

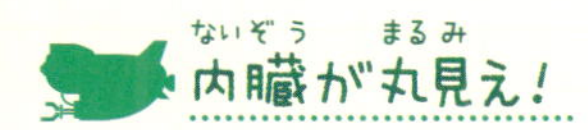

とう明な体

深海生物のとう明な体は、敵から身をかくすためだと考えられています。ただし、とう明なのは体の外側だけなので、内臓や食べたものがすけて見えます。そこで、すけている内臓をかくすために、内臓のまわりを黒や赤い色でおおっているものもいます。

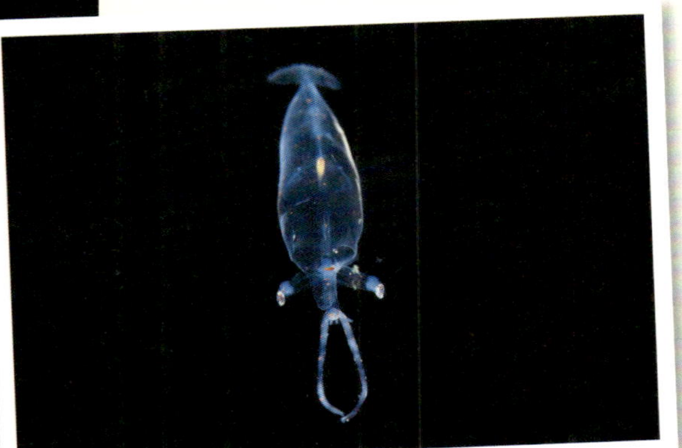

トウガタイカ。黒い目だけが見えてしまうため、目のまわりを発光させ、カウンターイルミネーション(84ページ)のしくみを使って、暗やみから姿を消す。

082

おす

ドウケツエビ

［ドウケツエビ科］体長2㎝

太平洋やインド洋の、水深数百〜数千ｍのところにすむ、カイロウドウケツ（200ページ）の中でくらしているエビ。カイロウドウケツの網目を通り抜けて入ってくる有機物をえさとするため、えさに不自由することはない。

ガラスの家にすむエビの夫婦

めす

体のひみつ

子どものときにカイロウドウケツ（200ページ）の網目から中に入り、そのままその中で一生を過ごします。
しかし、中で生き残れるのは、生存競争を勝ち抜いたおすとめすの夫婦2匹だけです。

円ばんのような体

体のひみつ

あしを広げると円ばんのようになり、
丸くなるとボールのようになります。
あしには吸盤がついています。

メンダコ

[メンダコ科] 直径20㎝

日本近海の200～1000mのところにすむ。ふだんは海底でじっとしていることが多い。泳ぐときは、あしの間の膜を使ってゆっくりまい上がる。頭部に、耳のような小さなひれをもつ。小型の甲殻類を食べる。

ひれ

比べてみよう 浅い海と深い海

生物のなかま分けが近いものや、同じなかまの生物でも、浅い海と深い海では、姿がにているものと、全くにていないものがいます。

メンダコ（深海にすむタコ）

マダコ（浅い海にすむタコ）

タコのなかま

浅い海にすむタコは、海底や岩などにかくれるようにすんでいて、砂にもぐることもあります。場所によって体の色を変えることもできます。一方、深海にすむタコは、海中をただよってくらすものや、色を変えることのできないものがいます。

ダンゴムシのなかま

深海にすむオオグソクムシは、浅い海にいるフナムシに近いなかま。形がよくにていますが、オオグソクムシの大きさは、15㎝程度でフナムシの数倍の大きさになります。

オオグソクムシ

フナムシ

ウミホタル

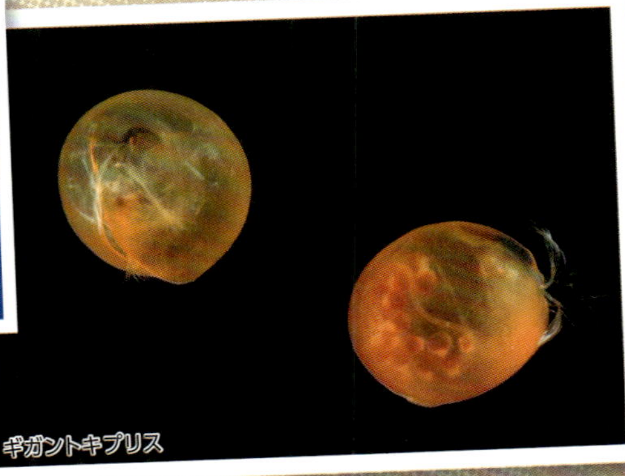
ギガントキプリス

ウミホタルのなかま

深海にすむギガントキプリス（162ページ）はウミホタルのなかまです。ギガントキプリスは、ウミホタルの約10倍の大きさですが、体のつくりはよくにています。ギガントキプリスは目がとても大きいのに対し、ウミホタルの目はあまり大きくありません。

085

大きさがちがう2つの目

体のひみつ

大きさのちがう2つの目をもっています。
かたむいて泳ぐのは、つつのようにとび出た目で上を見て、胴体についた目は下を見ているからだと考えられています。

クラゲイカ

[ゴマフイカ科] 全長20㎝

世界各地のあたたかい海の水深200～1200mにすむ。左右の目の大きさが異なるのが特ちょう。体やあしに発光器をもつ。これを光らせることで、下にいる敵から身を守っていると考えられている。

086

赤い双眼鏡の目をもつとう明ダコ

色のひみつ

敵が近づくと、体の色を、深海では目立たない赤やオレンジ色に変えて敵の目をくらまします。逆に、浅い海にいるときは、体をとう明にして身を守ります。

クラゲダコ

［クラゲダコ科］全長20㎝

太平洋の水深500～1000mのところにすむ。全身はゼリーのようにやわらかく、光を当てると内臓がすけて見える。クラゲのようにただよいながら泳ぐことからこの名がついた。

クラゲダコの目。

内臓

別名 ガラスのタコ

色のひみつ

全身の色がかぎりなくとう明に近いため、敵に見つかりにくいです。内臓のかげをかくすために体を縦にしてただよいます。

スカシダコ

[スカシダコ科] 全長約4㎝

世界各地の熱帯域の水深200〜2000mにすむ。エビやカニを食べる。内臓以外はほとんど色がついていない。

スリットが入った古代巻貝

オキナエビス

[オキナエビス科] 殻径8cm、殻高8cm

オキナエビスは、オキナエビス類の総称。インド洋、太平洋と大西洋の熱帯から亜熱帯地域の水深100〜500mのところにすむ。日本でも数種が分布。円すい形にしまもようがある大型の巻貝。殻の口の背面に深い切れこみがあるのが特ちょう。

オキナエビスを真上から見たところ。

体のひみつ

4億年以上前から生息していたことから、
「生きている化石」といわれます。
原始的な貝の特ちょうを残し、
発見されることは、
とてもめずらしい貝です。

深海で生活するいろいろな貝

深海には、とても変わった特ちょうをもった貝のなかまがたくさんいます。
栄養が少ない深海で生きのびてきた貝の中には、数億年前の恐竜がいた時代から生息していたと考えられるものもいます。

自分ではえさを食べない!?

シロウリガイ

熱水噴出孔の近くにすんでいる貝。生まれつき、体の中に栄養をつくる細菌をすまわせているため、自分でえさを食べることはありません。体の半分くらいを泥の中にしずめ、水管を海中に出してくらしています。

とげとげの巻貝

リンボウガイ

水深50～300mに生息しています。殻の直径は4.5cmほどで、サザエに近いなかまです。

熱いところが好き

ヘイトウシンカイヒバリガイ

浅い海にすむムール貝（イガイ類）のなかま。熱水噴出域にすんでいます。体にすまわせている細菌から栄養をもらって生きています。

クジラの骨にすむ

ヒラノマクラ

ムール貝のなかま。海底にしずんでいるクジラの骨にすみつき、骨からしみ出す物質を利用して生きています。

光るあしを切りすてて逃げる!

身を守るひみつ

身の危険を感じると、触手を切りすてます。
切りすてられた触手が発光し、
敵の注意を向けることで、
敵から逃れると考えられています。
切りすてた触手はふたたび生えてきます。

ニジクラゲ

[イチメガサクラゲ科] かさの直径3〜5㎝

太平洋、大西洋、インド洋や、日本近海の水深500mより深いところにすむ。全身はとう明。32本の発光する長い触手をもつ。プランクトンなどを食べる。

触手を切りすてた後のニジクラゲ。

切りすてると光る触手

深海にただよう赤いチョウチン

色のひみつ

赤い胃は深海では見えにくく、
発光する生物を食べたときに胃袋から光がもれて、
敵に見つかるのを防ぐことができます。

アカチョウチンクラゲ

[エボシクラゲ科] かさの高さ約17㎝、触手40～100㎝

太平洋、大西洋、南極海の、水深2700mまでのところにすむ。プランクトンや小型の魚類を食べる。体の中央に赤い胃をもつ姿が、赤いチョウチンのように見える。ふだんは触手を横にねかせるようにしてただよっている。

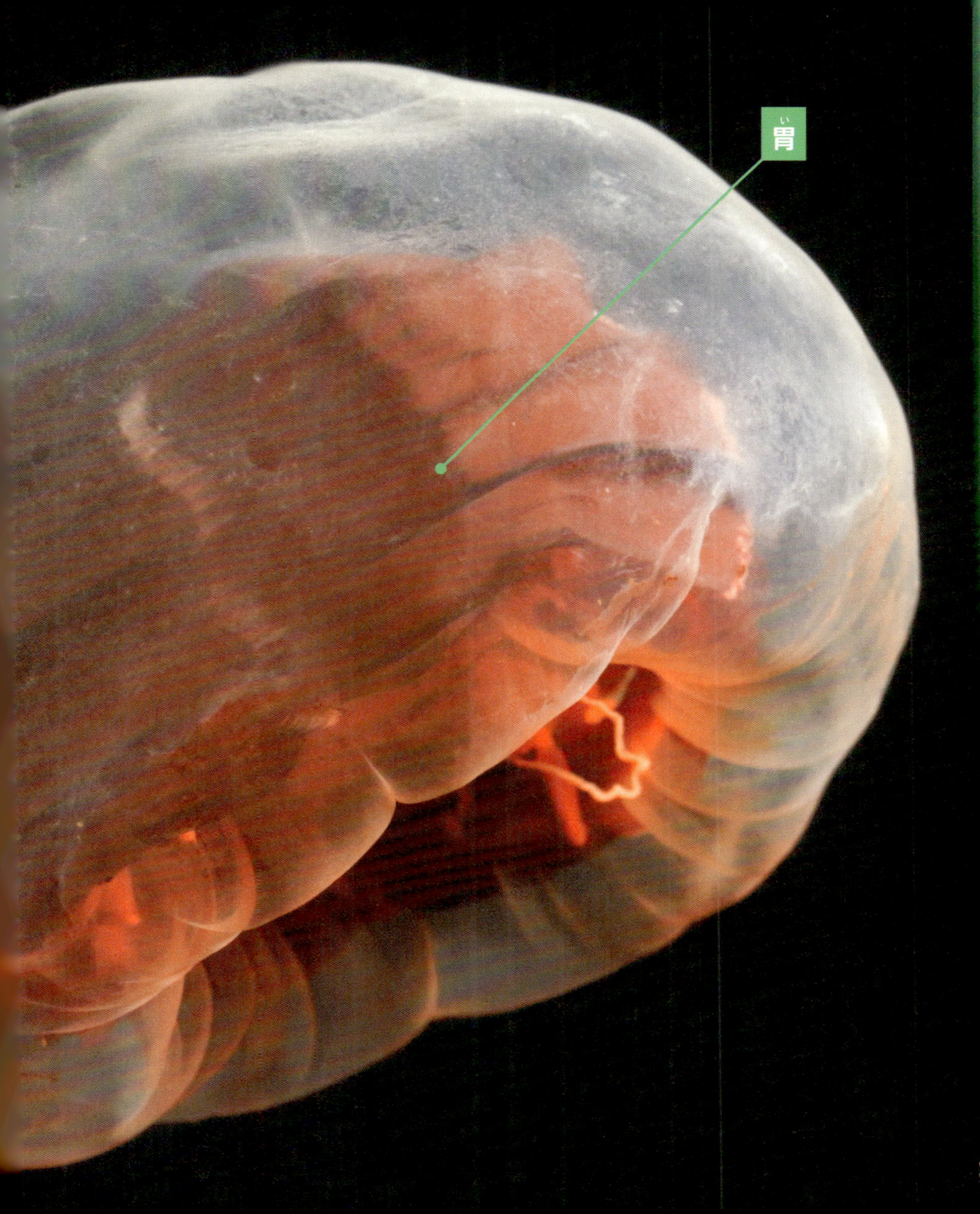
胃

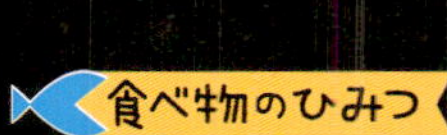

自分よりも体の大きなカブトクラゲや
ツノクラゲも丸のみにしてしまいます。

大きな口でクラゲを丸のみにするクラゲ

ウリクラゲ

［ウリクラゲ科］体長5～15㎝

日本各地にすむ。体の表面にある細い毛を動かして泳ぐ。細い毛は、体の表面に8列のくしの歯のようにならんでいる。浅い海から深海までいろいろな種類のウリクラゲがいる。

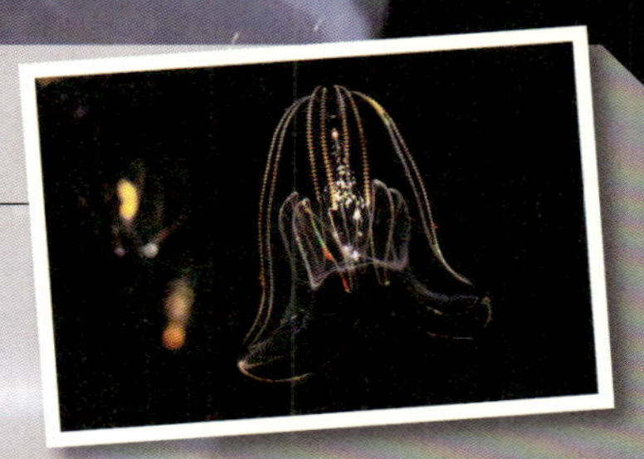

えさとなるカブトクラゲ。

身を守るひみつ

逃げるときはすばやく、体をヘビのようにくねらせて泳ぎます。

オビクラゲ

［オビクラゲ科］体長1m

黒潮海域にすむ。帯のように平たく長い体。色は全体がとう明で、両はしだけ褐色をおびている。口は体の中央にある。帯の中に走るうすい線には触手があり、カイアシ類などをとらえて食べる。

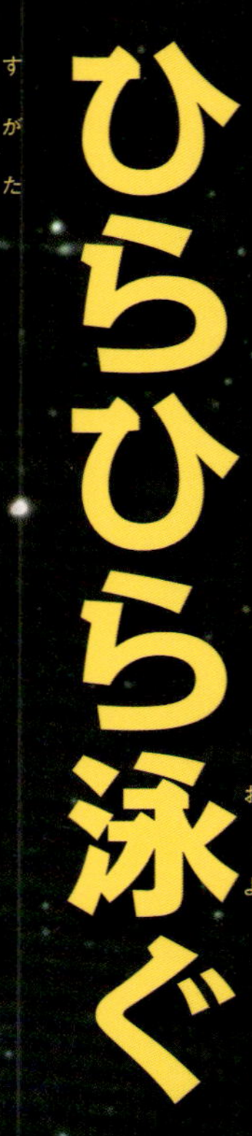

ひらひら泳ぐ姿がエレガント

コラム

食べるとおいしい深海の魚介料理

深海生物もほかの海の生物と同じように、
食べることができます。
深海魚は油分が多いためとてもおいしく、
その土地の名産品や高級品として知られているものもいます。

キンメダイ

昔から高級魚として親しまれてきました。煮つけなどが有名です。

ホタルイカ

富山県の名産品。産卵のため海面に上がってくる4～5月が旬。ホタルイカの水あげは観光名物になっています。

ハダカイワシ

干物にするとおいしい、高知県の名産品。

食べると危険な深海生物

バラムツ（124ページ）は筋肉に大量に油をふくむ魚。その油は人の体内では消化できないため、食べすぎると下痢や腹痛を引き起こすことがあり、とても危険です。そのため、法律で食用として販売することは禁止されています。

腸

深海で発見！泳げるナマコ！

体のひみつ

たてがみのような部分を使って、海底から数m上を泳ぎます。

ユメナマコ

［クラゲナマコ科］体長20㎝

日本近海や太平洋の水深300〜6000mの海底にすむ。体は赤紫色で、皮ふがうすいため、内臓がすけて見える。とても長い腸をもっていて、海底の泥や砂の中にある栄養を、時間をかけてゆっくり吸収する。

095

深い海のナマコと浅い海のナマコ

同じナマコのなかまでも、
深い海と浅い海でくらすナマコには、
えさのとり方や体の特ちょうに、ちがいがあります。

深い海のナマコ

クマナマコのなかま

浅い海のナマコ

バイカナマコ

それぞれのナマコのちがい

サンゴ礁などがある浅い海でくらすナマコは、海にただようプランクトンや、海底の泥にとけこんでいる栄養を食べます。そのため、多くは海の底にいてあまり動きません。

深海のナマコも同じように泥を食べますが、深海は栄養が少ないため、食べ物を求めて海底をとびはねたり、泳いだりして、活発に動きまわります。

食べ物のひみつ

あちこちの方向にのびる植物の茎のような腕に、
ねばねばの毛が生えています。
毛についたプランクトンを、中央にある口に運びます。

深海を歩く花!?

ウミユリ

[ウミユリ綱] 全長30～50㎝

世界各地の水深800～2000mの海にすむ、ヒトデやウニのなかま。ふだんは海底にくっついてくらしているが、茎のように見える腕を使って、はうように移動することもある。恐竜が生きていた時代には、たくさん生息していたと考えられている。

058

ガラスでできた「ビーナスの花かご」

カイロウドウケツ

［カイロウドウケツ科］高さ5～20㎝

太平洋やインド洋の、水深数百～数千ｍのところにすむ。海底の泥の中にまっすぐに立ち、水にふくまれる有機物を吸収する。筋肉や神経、内臓などはもっていない。つつの中は空洞になっていて、ドウケツエビ（168ページ）のすみかとなっている。

上から見た、カイロウドウケツ。中は空洞。

体のひみつ

長いつつ状で、全身がかみの毛ほどの細さのガラスの骨が網のように組み重なってできています。その美しさから「ビーナスの花かご」ともよばれます。

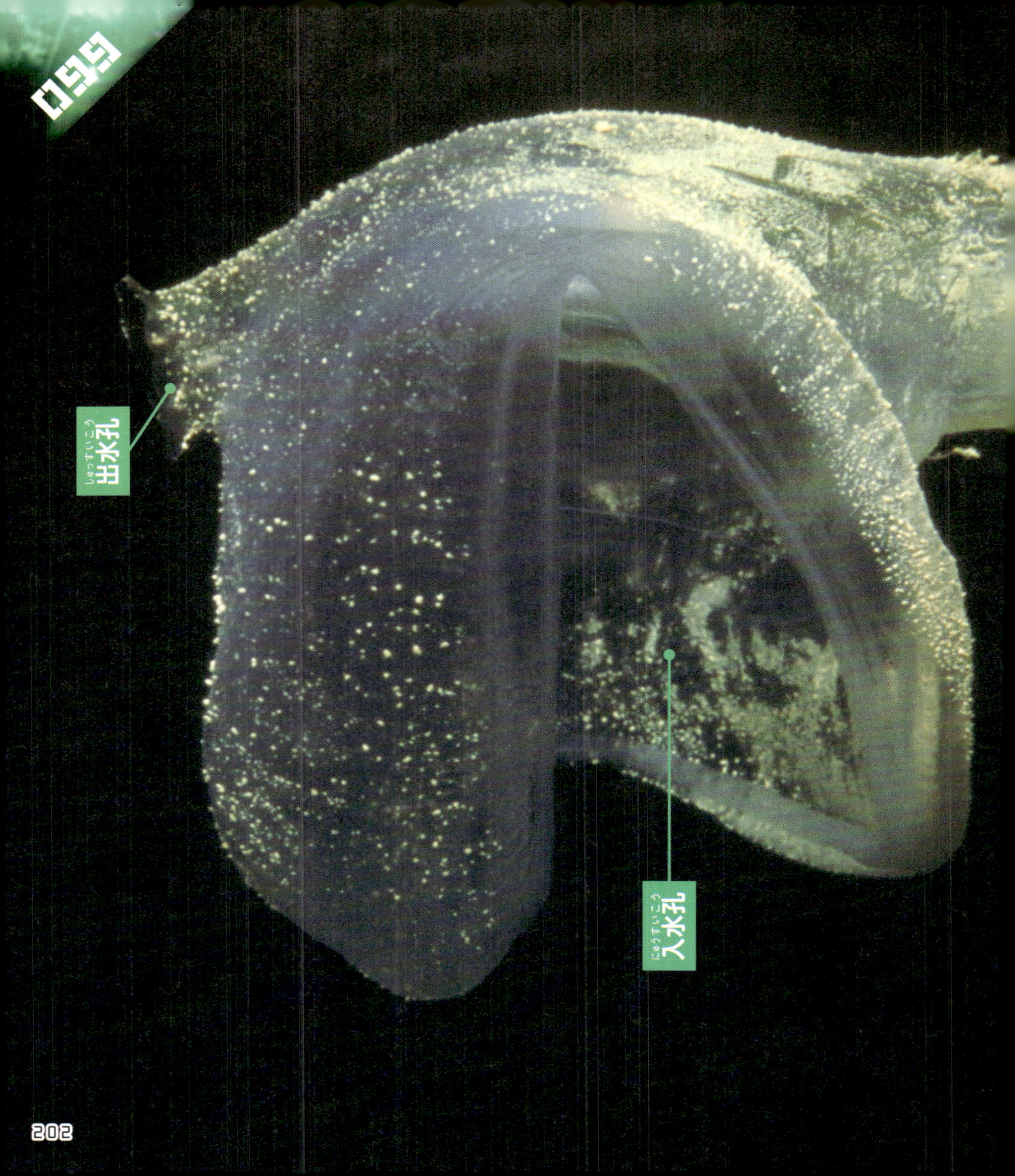
出水孔
入水孔

大きな口でわらってる!?

食べ物のひみつ

水が流れてくる方向に向かって、
入水孔といわれる大きな口を開け、
水と一緒に入ってきた獲物を食べます。
口から入った水を、
頭の上にある出水孔という穴から出します。

オオグチボヤ

[オオグチボヤ科] 高さ15～25㎝

カリフォルニア沖、太平洋、日本海沿岸、南極ウェッデル海の、水深160～5270mのところにすむ。ふだんは、岩盤やしずんだ木にくっついて生活している。小型のプランクトンや小エビを食べる。

100

海をただよう長～いくさり

体のひみつ

おすとめすがいる「有性世代」と、
1ぴきがおすとめすのはたらきをもつ「無性世代」を、交互にくり返します。
「有性世代」のときは、多数の個体が
数十個もつながって泳ぎ、数mになることもあります。
「無性世代」のときは、個体で泳ぎます。

くさり状になってただようサルパ。

サルパ類(ホヤのなかま)

[サルパ科] 数㎜〜30㎝(単体)

世界中の海に生息する。海にすむ生物の重要なえさとなるプランクトンの一種。全身はとう明で、円柱やたる形をしている。分類はまったく異なるが、見た目はクラゲとにている。大きさは数㎜〜30㎝以上までさまざま。

単体のサルパ。

覚えたかな？

ブキミ深海生物クイズ

答え合わせをしたら、右下に最初のページのクイズシールをはろう！

答えのページ

1. ラブカの歯は、何本ずつに分かれている？ [10]
2. チョウチンアンコウのなかまは、おすとめす、どっちが大きい？ [72]
3. とても大きな口をもつ、メガマウスザメの体長は約何ｍ？ [116]
4. 赤い深海生物が多いのはどうして？ [164]
5. シギウナギの大好物は何？ [14]
6. 海底で逆さまに泳ぐ姿が確認されたアンコウの名前は？ [76]
7. リュウグウノツカイは、何のモデルといわれた魚？ [126]
8. ユメナマコは、体のどの部分がとても長い？ [194]
9. 三脚魚といわれる魚の名前は？ [20]
10. 青白く光るホタルイカの群れが現れるため、特別天然記念物となっている場所は？ [100]
11. シーラカンスが初めて発見されたのは、アフリカとインドネシアどっち？ [134]
12. ゾウギンザメの吻の先は、どんな機能をもっている？ [150]
13. センジュナマコは、動物にたとえて「海の〇〇」とよばれている？ [56]
14. コウモリダコがえさとしている食べ物は何？ [102]
15. ダイオウグソクムシは、陸上にいる何の生物の仲間？ [138]
16. ウリクラゲは何を食べる？ [188]

答えのページ

17 海の中の何mより深いところを深海という？ [6]

18 オウムガイが生きていたのは、何年くらい前から？ [50]

19 一日に浅い海と深い海を行ったり来たりする行動を何という？ [88]

20 世界最大のカニ、タカアシガニのあしは最大で何m？ [140]

21 スカシダコは、なぜ体を縦にしてただよっているの？ [178]

22 深海にある、熱い海水がわき出てくる場所を何という？ [44]

23 ねばねばしているのは、イカのスミとタコのスミ、どっち？ [108]

24 世界最大のイカの名前は？ [142]

25 ニジクラゲは、体のどこを切りすてて逃げる？ [184]

26 ふさふさの胸毛をもつのは○○○○コシオリエビ？ [42]

27 金色に光るキンメダイの目には、何というしくみがある？ [154]

28 ドウケツエビが、すみかにしている生物の名前は？ [168]

29 ウロコフネタマガイのうろこについているのは、鉄と銀、どっち？ [48]

30 幼魚のときだけ、とう明な体で目が左右にとび出している魚は何？ [34]

何問できたかな？

□**全問 正解！** すごい！ きみをブキミ深海生物博士に認定する！

□**25～29問 正解！** ナイスファイト！ 博士は目の前だ！

□**15～24問 正解！** かなり力がついたようだ。答えのページをもう一度読もう！

□**1～14問 正解！** まだまだ修行が足りないな。001から読み直そう！

シールをはる

監 修：〝海の手配師〟石垣幸二（有限会社ブルーコーナー代表取締役社長）
編 集：株式会社スリーシーズン（藤門杏子）
ブックデザイン：星 光信（Xing Design）
DTP：株式会社ジーディーシー
カバーイラスト：株式会社サイドランチ
写真・イラスト提供：Aflo　amanaimages　Pixta　入澤宣幸　海洋研究開発機構　マカベアキオ　高田竜

超キモイ! ブキミ深海生物のひみつ100

2017年 8月 1日　第1刷発行

発行人：黒田隆暁
編集人：芳賀靖彦
編集担当：高田竜　鈴木一馬　石河真由子
発行所：株式会社学研プラス　〒141-8415 東京都品川区西五反田2-11-8
印刷所：大日本印刷株式会社

この本に関する各種お問い合わせ先

【電話の場合】
●編集内容については Tel 03-6431-1282（編集部直通）
●在庫、不良品（落丁乱丁）については Tel 03-6431-1197（販売部直通）
【文書の場合】
〒141-8418 東京都品川区西五反田2-11-8
学研お客様センター『SG100超キモイ!　ブキミ深海生物のひみつ100』係

この本以外の学研商品に関するお問い合わせは下記まで
Tel 03-6431-1002（学研お客様センター）

NDC480　208P　170mm×148mm